工业和信息化普通高等教育
"十二五"规划教材立项项目

U0643742

21 世 纪 高 等 学 校 规 划 教 材
21st Century University Planned Textbooks

Visual Basic
程序设计实验教程

吴昊 杜玲玲 主编
熊李艳 周美玲 副主编

Experiment Instructions for
Visual Basic

人民邮电出版社
北京

图书在版编目（ＣＩＰ）数据

Visual Basic程序设计实验教程 / 吴昊，杜玲玲主
编. -- 北京 ：人民邮电出版社，2011.3（2017.1重印）
21世纪高等学校规划教材
ISBN 978-7-115-24829-9

Ⅰ．①V… Ⅱ．①吴… ②杜… Ⅲ．①
BASIC语言－程序设计－高等学校－教材 Ⅳ．①TP312

中国版本图书馆CIP数据核字(2011)第015853号

内 容 提 要

　　本书是《Visual Basic 程序设计》配套的实验教材，书中详细介绍了每个实验的实验目的、实验分析、实验设计、实验代码以及程序调试，帮助学生掌握 Visual Basic 程序设计语言的基本知识和程序设计的方法，在每章的后面都配有一定数量的习题，让学生巩固所学的知识。同时通过合理组织教学内容，辅以多种形式的操作习题和实验，使学生掌握分析问题和解决问题的方法，培养学生具备较强的自学能力、实践能力。

　　本书可作为高校非计算机专业学生的计算机程序设计课程的教材，也可作为成人教育、职业技术教育、工程技术人员及自学者的程序设计的教材，并可作为计算机等级考试的辅导用书。

21 世纪高等学校规划教材

Visual Basic 程序设计实验教程

♦ 主　　编　吴　昊　杜玲玲
　　 副 主 编　熊李艳　周美玲
　　 责任编辑　刘　博

♦ 人民邮电出版社出版发行　　 北京市丰台区成寿寺路 11 号
　　邮编　100164　 电子邮件　315@ptpress.com.cn
　　网址　http://www.ptpress.com.cn
北京隆昌伟业印刷有限公司印刷

♦ 开本：787×1092　1/16
　　印张：12.75　　　　　　　　 2011 年 3 月第 1 版
　　字数：338 千字　　　　　　 2017 年 1 月北京第 9 次印刷

ISBN 978-7-115-24829-9

定价：25.00 元
读者服务热线：(010) 81055256　印装质量热线：(010) 81055316
反盗版热线：(010) 81055315
广告经营许可证：京东工商广字第 8052 号

前　言

　　随着大学计算机教育相关的课程体系、课程内容和教学方法不断更新，我们在总结多年编写教材经验的基础上，按照非计算机专业学生的特点构建课程内容和教材体系，围绕非计算机专业计算机基础课程的教学思路，深入研讨和推广计算机课程的教改新成果，编写了此套非计算机基础系列教程。主要包括《大学计算机基础》、《Visual Basic 程序设计》、《Visual Foxpro 程序设计》以及他们的配套的实践教材。教材的编写将进一步推动计算机教学改革，全面提升计算机教学质量，改进计算机教学课程体系，推动精品课程建设。

　　本书是《Visual Basic 程序设计》的配套实践教材。全书理论教学与实践教学相结合，图文并茂，内容实用，层次分明，讲解清晰，针对高校学生的特点，采用案例教学方式，强调对学生动手能力的培养；知识点的安排循序渐进、符合认知规律，既便于教学又适用自学，通过实际案例，促进学生对基础知识、基本技能的掌握；在实践教程中精心设计了大量的有针对性的实例与实验，可以使读者既巩固所学知识，又扩展思路，以帮助学生掌握 Visual Basic（以下简称 VB）程序设计语言的基本知识和 VB 程序设计的方法，使教材能达到好用、好教、好学的要求。

　　参编作者长期从事非计算机专业程序设计教学和教学研究工作，有较深的理论研究基础和教学改革实践基础，对计算机课程建设有一定广度和深度的研究，承担完成了多项计算机基础教学改革课题，编写出版了多部计算机基础教学的教材，并先后获得了省级教学成果一等奖及省级优秀教材一、二等奖。在此次教材的编写过程中，融入了多年来教学改革研究的成果及全体编者的教学经验与体会。本书由吴昊、杜玲玲担任主编，参编人员有熊李艳（第 1、3、4、7 章）、周美玲（第 2、6 章）、吴昊（第 8、9、11、12 章）、杜玲玲（第 5、10 章），熊李艳负责本书最终的统稿。在修订大纲及书稿编写过程中，始终得到了华东交通大学信息工程学院领导的关心和支持。计算机基础部的雷莉霞、范萍、黎海生、刘媛媛、宋岚、张年、丁振凡、蔡体健、段楠楠、李明翠、李卓群、莫佳、王鹏鸣、秦永红、游敏给了作者大力帮助，参与了大纲的编写与程序的调试，他们为本书的最终完成付出了很多劳动，在此表示由衷的感谢。

　　根据"立体化"教材体系的要求，除配套教材外，作者还提供电子教案、习题答案等教材中涉及的相关教学资源，可从人民邮电出版社教学服务与资源网（www.ptpedu.com.cn）上免费下载。

　　由于编者水平有限，编写时间仓促，书中难免有欠妥之处，恳请广大读者提出宝贵意见。

编者

2011 年 1 月

目 录

第1章 引言

1.1 实 验

一、实验目的

1. 掌握 VB 6.0 的启动与退出。
2. 了解 VB 6.0 的集成开发环境，熟悉各主要窗口的作用。
3. 了解 VB 6.0 应用程序的开发过程。
4. 理解 VB 中对象的概念。
5. 熟悉窗体的属性、方法和事件。
6. 掌握在 VB 6.0 中使用帮助的方法。

二、知识介绍

1. VB 集成开发环境的启动和退出。启动 VB 集成开发环境，在"新建工程"对话框中选择"标准 EXE"，单击"确定"按钮（注意：在"新建工程"对话框中的选项卡）。在屏幕上将看到有菜单栏、工具栏、控件工具箱、窗体、工程资源管理器、属性窗口和窗体布局窗口，另外还有隐藏的代码编辑窗口等。

2. 一般来说，Visual Basic 开发应用程序，分为以下几个步骤：

（1）分析问题，设计算法；

（2）设计应用程序用户界面；

（3）对象属性的设置；

（4）编写程序代码；

（5）调试运行程序；

（6）保存程序文件。

3. 事件驱动应用程序的典型操作顺序如下。

（1）启动应用程序，加载和显示窗体。

（2）窗体或窗体上的控件接收事件。事件可以由用户引发（如键盘操作），可以由系统引发（如定时器事件），也可以由代码间接引发（例如，当代码加载窗体的 Load 事件时）。

（3）如果相应的事件过程中存在代码，则执行该代码。

（4）应用程序等待下一次事件。

> 有些事件的发生可能伴随其他事件发生。例如，在发生 Dblclick 事件时，将伴随发生 MouseDown、MouseUp 和 Click 事件。

我们可以把属性看成是对象的特征，把事件看成是对象的响应，把方法看成是对象的行为，属性、事件和方法构成了对象的三要素。

4．使用帮助功能。Visual Basic 为用户提供了很好的在线帮助和自学功能，显示中文的帮助信息和联机手册，为广大读者学习和使用 Visual Basic 带来极大的方便。Visual Basic 的帮助功能是集程序设计指南、用户手册、使用手册和库函数于一体的电子辞典。只有学会使用帮助信息，才能真正全面掌握 Visual Basic。

Microsoft Visual Studio 中的 MSDN Library 是一个包含 Visual Basic 帮助信息的全面帮助系统，用户可以安装该系统，安装完成后，在 Visual Basic 中可以直接调用该帮助系统。

（1）帮助命令的使用。在"帮助"菜单上选择"Microsoft Visual Basic 帮助主体"命令，或选择"目录"命令及"索引"命令，将显示"帮助"。

（2）编辑时使用语言帮助。Visual Basic 提供了 F1 功能键在线帮助的使用。在线帮助是指用户在窗口中进行工作的任何时候，按键盘上的 F1 键，即可获得正在操作对象的帮助内容。

同样，在代码窗口中，只要将插入点光标置于某个关键词（包括语句、过程名、函数、事件等）之上，然后按 F1 键，系统就会列出此关键词的帮助信息。

（3）使用 Internet 获得帮助。若能访问 Internet，可以从中获得 Visual Basic 的更多信息。

三、实验示例

1．上机实例

要求运行程序时，显示如图 1-1 所示的运行界面，要求在输入框输入半径，单击"运算"按钮，在输出框输出圆的周长和面积，单击"清除"按钮清除输入和输出框的内容。单击"退出"按钮就结束该程序。

根据题意首先要建立的程序界面，其中有 3 个提示信息，根据 VB 控件的功能我们选择用标签来实现，半径、面积以及周长，分别代表输入和输出，我们选择文本框。我们希望单击运算可以计算出结果，所以选择命令按钮来实现。因此创建 3 个标签、3 个文本框和 3 个命令按钮，如图 1-2 所示。

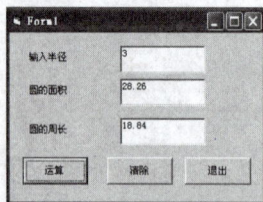

图 1-1　程序运行结果　　　　图 1-2　用户界面设计

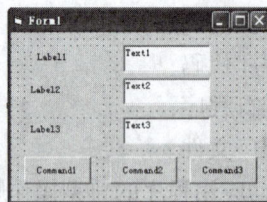

要绘制控件"标签"，单击工具箱上的标签图标，然后将指针移到窗体上。该指针变成十字线，将十字线放在控件的左上角所在处，拖动十字线画出适合的控件大小的方框（拖动的意思是按住鼠标左键用鼠标指针移动对象），释放鼠标按钮，控件出现在窗体上，标签内自动标有"label1"。

用同样的方法创建 3 个标签。

我们用上述类似的方法创建程序所需的 3 个命令按钮和 3 个文本框。

如果对绘制好的程序界面不满意，还可以调整，改变界面中的控件大小和位置。

用户界面由 9 个控件对象和一个窗体对象构成。每个对象都有默认的属性，如 Caption 属性，窗体对象为 "Form1"，第 1 个命令按钮为 "Command1" 等。为了使界面符合用户的要求，根据题意我们应当对每个对象的属性进行修改，修改内容如表 1-1 所示。

表 1-1　　　　　　　　　　　　　　设置对象属性

控 件 名	属 性 名	属 性 值
Label1	Caption	圆的半径
Label2	Caption	圆的面积
Label3	Caption	圆的周长
Text1	Text	（空串）
Text2	Text	（空串）
Text3	Text	（空串）
Command1	Caption	运算
Command2	Caption	清除
Command3	Caption	退出

根据数学公式我们知道求圆面积和周长的公式，接下来我们进行代码编写。

在对象下拉列表框中，选定一个对象名 Command1。然后，在过程下拉列表中选中 Click 事件。也可以双击 Command1（运算）按钮，直接进入事件过程 Command1_Click 代码编辑状态。该过程的代码如下：

```
Private Sub Command1_Click()
    Dim r, mj, zl              '定义 3 个变量分别代表半径、面积和周长
    r = Text1.Text             '把文本框的内容赋值给半径
    mj = 3.14 * r ^ 2          '求圆的面积
    zl = 2 * r * 3.14          '求圆的周长
    Text2.Text = mj            '在文本框 text2 中输出面积
    Text3.Text = zl            '在文本框 text3 中输出周长
End Sub
```

设置 Command2(清除) 的单击事件，其代码如下：

```
Private Sub Command2_Click()
    Text1.Text = ""            '清除文本框中的内容
    Text2 = ""                 '注意 text 的属性可以省略，text 是文本框默认属性
    Text3.Text = ""
End Sub
```

设置 Command3(退出) 的单击事件，其代码如下：

```
Private Sub Command3_Click()
    End                        '程序结束
End Sub
```

现在就可以运行我们的第 1 个应用程序了。单击工具栏上的按钮或按 F5 键编辑并运行该应用程序。

设计好的应用程序在调试正确以后需要保存工程，即以文件的方式保存到磁盘上。选择菜单"文件"|"保存工程"，由于这是第 1 次保存新工程，所以除了要保存工程项目文件，还要保存窗体文件。系统会首先弹出"文件另存为"对话框，如图 1-3 所示，要求先保存窗体文件。最后弹出"工程另存为"对话框，如图 1-4 所示，要求保存工程项目文件。

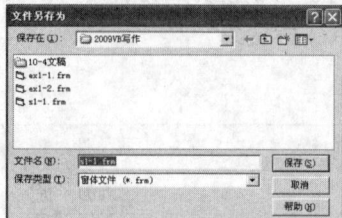

图 1-3 "文件另存为"对话框　　　　　　　　图 1-4 "工程另存为"对话框

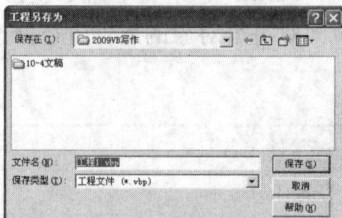

随后弹出如图 1-5 所示的"Source Code Control"对话框，询问是否把当前工程添加到微软的版本管理器中，选择"No"即可。如果计算机上没有安装 Visual SourceSafe 则不会出现"Source Code Control"对话框。

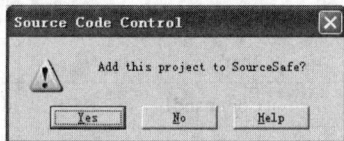

为何存储文件时，总弹出"add this project to sourcesafe?"对话框呢？原因是机器上安装了 Visual SourceSafe。这

图 1-5 "Source Code Control"对话框

个工具是用来管理源程序的，也就是说，sourcesafe 是进行原码控制的，非常实用。使用 sourcesafe 时，它可建立一个数据库文件对源代码进行增量备份，一旦以后发现现在的代码状态不如以前某个状态时，可以将代码回滚到以前状态，在回滚前可以对代码进行对比。要是不想用，也不必卸载，只需要找菜单项：Add-ins\Add in Manager，找到 souce code control 项，去掉 Load on behavior 内所有选项即可。如果是和其他人组成一个开发组开发软件，这个工具比较有用。对个人来说，这个工具作用不大，但可以用它来保存所有修改过的版本。

如果要生成可执行文件，则可按如下步骤进行。

（1）单击"文件"菜单下的"生成工程名 .exe"菜单项（在这里工程名应该是读者实际建立的工程的名称）。

（2）在弹出的"生成工程"对话框中选择路径，并输入可执行文件名。

（3）单击"确定"按钮，即可生成可执行文件。

生成的可执行文件不需要 VB 支持，双击就可运行了。

2. 程序调试

在程序设计过程中，程序越复杂越容易产生错误。所以在上机实践的过程中，既要验证程序的正确性，又要学会查找和纠正错误的方法。

（1）常见错误的类型。VB 应用程序的错误一般可分为 4 类，即语法错误、编译错误、运行错误和逻辑错误。

① 语法错误（Syntax Error）。语法错误指用户在程序设计阶段的代码窗口键入的语句语法不正确，如丢失或写错了符号、关键字拼写不正确、循环结构中有 For 而没有 Next、括号不匹配等。由于 VB 具有自动语法查错功能，当发现键入的代码存在这些错误，就会立即弹出一个对话框，提示出错信息。

例如，在图 1-6 中，用户把语句 print "welcome" 输成 print "welcome"（第 1 个双引号输成中

文的双引号），按回车键后，系统会立即弹出一个对话框，显示出错信息，提醒用户更正。此时，用户必须单击"确定"按钮，关闭对话框后，出错的那一行语句变为红色，出错的部分被高亮度显示，直到改正为止。

> **注意**　只有在"工具"菜单中的"选项命令"中设置了自动语法检查后，系统才会在输入代码的过程中对出现的语句语法错误进行提示。

② 编译错误（Compile Error）。编译错误指将程序编译成可执行文件（.EXE），或单击"运行"菜单中的"启动"命令（也可按 F5 键），或单击工具栏的"启动"按钮运行程序时，由于用户未定义变量、遗漏了某些关键字等原因而引起的错误。这时，VB 将停止程序的编译，弹出一个对话框，提示出错信息。

例如，在图 1-7 中，在过程前面选用了"Option Explicit"语句来强制显式声明模块中的所有变量，而系统没有显示定义变量，运行时变量就会显示"变量未定义"的错误。此时，用户必须单击"确定"按钮，关闭对话框后，有错误的程序行被高亮度显示，直到改正为止。

图 1-6　语法错误的提示窗口　　　　　　　图 1-7　编译错误的提示窗口

③ 运行错误（Run-time Error）。运行错误指 VB 在编译通过后，即语法正确，运行时发生的错误。例如，数据类型不匹配、试图打开一个不存在的文件、除数为零等。运行出错时，系统将出现一个信息提示框。

例如，在图 1-8 中，由于属性 FontSize 的数据类型为整型，若对其赋值为字符串类型，系统运行时就会提示出错信息。当用户单击了"调试"按钮后，程序进入中断模式，光标停留在引起出错的语句行上，此时允许用户修改代码。

图 1-8　运行错误的提示窗口

④ 逻辑错误（Logical Error）。与语法错误和运行错误不同的是，逻辑错误一般不报告出错信息，但程序运行后，却得不到所期望的结果。例如，运算符使用不正确、语句的次序不对、循环语句的起始、终值不正确等，故错误较难发现和排除。要减少或克服这类错误，没有捷径可寻，只能靠耐心，养成良好的编程习惯及积累调试程序的经验。

例如，在图 1-9 中，我们可以看到单击命令按钮时有结果，结果却是 0，这是由于对 R 和 S

赋值的两条语句的顺序写反了，程序中先求 S 的值，由于 R 没有赋值，系统默认为 0，得出 S 为 0（虽然下一条语句 R 赋值为 2）。

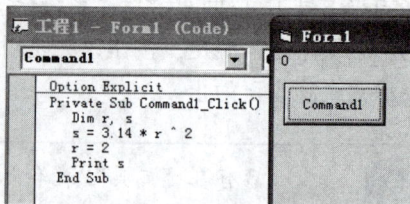

图 1-9　逻辑错误的提示窗口

（2）调试和排错。我们知道 Visual Basic 具有集编辑、编译与运行于一体的集成环境，其工作状态分为设计模式、运行模式、中断模式 3 种模式。为了测试和调试应用程序，用户在任何时候都要知道应用程序正处在何种模式之下。在设计模式下可以进行程序的界面设计、属性设置、代码编写等，但在此模式下不能运行程序，也不能使用调试工具。执行"运行"菜单下的"启动"命令（也可按 F5 键或单击工具栏的"启动"按钮），即由设计模式进入运行模式，在此模式下，可以查看程序代码，但不能修改。若要修改代码，必须选择"运行"菜单的"结束"命令（或单击工具栏的"结束"按钮），回到设计模式或选择"运行"菜单的"中断"命令（或单击工具栏的"中断"按钮），进入中断模式，方可以修改代码。在中断模式下，运行的程序被挂起，可以查看代码、修改代码、检查数据，修改结束，再单击"继续"按钮继续程序的运行或单击"结束"命令停止程序执行。

① 插入断点和逐语句跟踪。在调试程序时，通常会设置断点来中断程序的运行，然后逐语句跟踪检查相关变量、属性和表达式的值是否在预期的范围内。在中断模式下或设计模式时可设置或删除断点。当应用程序处于空闲时，也可在运行时设置或删除断点。

一般在代码窗口选择怀疑存在问题的地方按下 F9 键，即可设置断点。在程序运行到断点语句处（该句语句尚未执行）停下，进入中断模式，在此之前所关心的变量、属性、表达式的值都可以查看。若要继续跟踪断点以后的语句执行情况，只要按 F8 键或选择"调试"菜单的"逐语句"即可逐语句执行。

② 调试窗口。在中断模式，除了用鼠标指向要观察的变量直接显示其值外，一般可通过"立即"窗口（单击"视图"菜单中的"立即"菜单项可打开该窗口），观察有关变量的值。

"立即"窗口是在调试窗口中使用最方便、最常用的窗口。可以直接在该窗口使用 Print 语句或"？"显示变量的值，也可以在程序代码中利用 Debug.Print 方法，把输出送到"立即"窗口。Visual Basic 还提供了"本地"窗口、"监视"窗口等其他调试窗口。

四、上机实验

1. 练习 Visual Basic 6.0 的启动与退出。
2. 熟悉 Visual Basic 6.0 的集成开发环境，了解各主要窗口的作用。
3. 建立第 1 个 VB 应用程序。

程序功能：要求当单击"显示内容"按钮时，文本框中出现"Hello,Visual Basic！"的文字，单击"清屏"按钮时，文本框中文字消失，单击"结束"按钮后，程序结束，结果如图 1-10 所示。

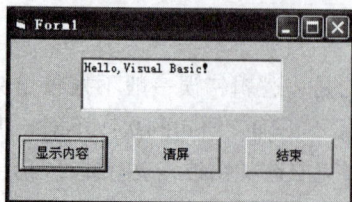

图 1-10　上机实验 3 程序运行结果

4. 如果将文本框的名称改为"Texthy"，将第 1 个命令按钮的名称改为"Cmddisplay"，将第 2 个命令按钮的名称改为"Cmdcls"，则上述程序要作哪些改动？

5. 怎样在窗体中添加控件？怎样改变窗体和控件的大小？怎样改变控件的位置？如果要使窗体的高度为 4000，宽度为 5000，可以用什么方法设置？如果要使文本框的位置为：左边 405，上边 405，可以使用什么方法设置？

1.2 习 题

一、选择题

1. VB 应用程序处于中断模式时，应用程序暂时中断，这时不可_____。

    （A）编辑代码   （B）设计界面和编辑代码

    （C）继续运行程序   （D）设计界面

2. VB 中的工具栏可以从_____菜单上的"工具栏"命令中移进或移出。

    （A）工具   （B）编辑

    （C）视图   （D）调试

3. ".bas"文件是 VB 的_____文件。

    （A）标准模块   （B）窗体

    （C）工程   （D）类模块

4. 不论何种控件，共同具有的是_____属性。

    （A）Text   （B）Name

    （C）BackColor   （D）Caption

5. 当运行程序时，系统自动执行启动窗体的_____事件过程。

    （A）Load   （B）Click

    （C）Unload   （D）GotFocus

6. 在 VB 的集成环境中创建 VB 应用程序时，除了工具箱窗口、窗体设计窗口、属性窗口外，必不可少的窗口是_____。

    （A）窗体布局窗口   （B）立即窗口

    （C）代码窗口   （D）监视窗口

7. VB 工程中的每一个窗体都是独立的_____。

    （A）类   （B）对象

    （C）数据库   （D）方法

8. 通过代码在运行时设置属性的语法格式为_____。

    （A）对象名 = 属性 . 新值   （B）对象名 . 属性 = 新值

    （C）对象名 . 新值 = 属性 . 新值   （D）对象名 . 属性 = 属性 . 新值

9. 应用程序打包后，其包文件的后缀为_____。

    （A）.exe   （B）.txt

    （C）.cab   （D）.ocx

10. 在代码设计时，当需要启动帮助系统时，可按_____键，就可出现 MSDN Library 查阅器窗口。

    （A）Esc   （B）F1

    （C）F5   （D）F10

11. 在设计阶段，当双击窗体上的某个控件时，所打开的窗口是_____。

    （A）工程资源管理器窗口   （B）工具箱窗口

（C）代码窗口　　　　　　　　　　（D）属性窗口

12. 与传统的程序设计语言相比较，Visual Basic 最突出的特点是_____。

（A）结构化的程序设计　　　　　　（B）访问数据库

（C）面向对象的可视化编程　　　　（D）良好的中文支持

13. 以下叙述中错误的是_____。

（A）Visual Basic 是事件驱动型可视化编程工具

（B）Visual Basic 应用程序不具有明显的开始和结束语句

（C）Visual Basic 工具箱中的所有控件都具有宽度（Width）和高度（Height）属性

（D）Visual Basic 中控件的某些属性只能在运行时设置

14. 程序模块文件的扩展名是_____。

（A）frm　　　　　　　　　　　　（B）prg

（C）bas　　　　　　　　　　　　（D）vbp

15. 下列可以打开立即窗口的操作是_____。

（A）Ctrl + D　　　　　　　　　　（B）Ctrl + E

（C）Ctrl + F　　　　　　　　　　（D）Ctrl + G

二、填空题

1. 面向对象的程序设计是一种以_____为基础，由_____驱动对象的编程技术。

2. 窗体的位置反映是窗口的_____。

3. VB 集成开发环境是提供_____、_____、_____应用程序所需各种工具的一个工作环境。

4. 属性窗口是针对_____和_____设计的。

5. 工程资源管理器窗口中的文件可以分为 6 类，分别为窗体文件、程序模块文件、_____、_____、_____和资源文件。

6. Visual Basic 提供了 4 种工具栏，包括编辑、_____、_____和调试。

7. Visual Basic 分_____、_____、企业版 3 种版本。3 种版本中，_____版包括另外两个版本的全部功能。

8. 应用程序最终面向用户的窗口是_____，它对应于应用程序的运行结果。

9. 启动 Visual Basic 后，在窗体的左侧有一个用于应用程序界面设计的窗口，称为_____。

10. 属性显示方式有_____和_____两种。

11. 集成开发环境的主窗口的顶部包含有_____，下部主要有_____。

12. 默认情况下，Visual Basic 开发环境_____为文档界面，但是多数情况下，使用_____文档界面会更方便。

13. Visual Basic 标题栏上显示了应用程序的_____。

14. Visual Basic 中的"Visual"指的是_____。

15. VB 把一个应用程序称为一个_____。一个工程可以包含各种_____。

第2章
Visual Basic 语言基础

2.1 实 验

一、实验目的

1. 了解 Visual Basic 语言字符集、词汇集及编码规则
2. 掌握 Visual Basic 各种数据类型的表示。
3. 掌握 Visual Basic 常量与变量的用法。
4. 掌握各种运算符的使用规则。
5. 掌握 Visual Basic 常用标准函数的功能和用法。

二、知识介绍

1. Visual Basic 语言字符集、词汇集及编码规则

（1）字符集。字符集包括数字、英文字母和一些特殊字符。

除汉字、双引号内、单引号后的字符外，其他符号都只能在英文半角状态下输入。

（2）词汇集。VB 中的单词一般包括：运算符、界符、关键字、标识符、各类型常数等。

空格、括号和除了字母串以外的运算符都可以作为界符。实际上，空格作为界符的例子最多。要充分体会自己做过的例子中分别用了哪些界符。例如：

```
Dim x As Integer
```

上面语句共有 7 个单词，其中 3 个是空格，作为界符使用。

在 Visual Basic 6.0 中，标识符的命名必须以字母或汉字开头，由字母、汉字、数字或下划线组成，长度不能超过 255 个字符，不能和系统的保留字同名。

（3）编码规则。在同一行上书写多条语句，两条语句之间用冒号"："分隔；单条语句若分成 n 行书写，在前 $n-1$ 行后面要加上续行符（空格加下划线"_"）；以 Rem 或单引号作为注释符。

2. VB 的数据类型

VB 的数据类型包括标准数据类型和自定义数据类型。自定义数据类型的内容在第 10 章介绍。

VB 提供的标准数据类型对应的关键字分别是 Integer、Long、Byte、Single、Double、Currency、Date、String、Boolean、Variant 等。

3. VB 中的常量

VB 中有 3 种常量：普通常量、符号常量和系统常量。

（1）普通常量。整型和长整型都有十进制、十六进制和八进制 3 种形式。整型和长整型的判断首先要看后面的类型符，若后面没有类型符，则从整型的表示范围来判断。如 32768 超出了整型的表示范围 −32768 ～ 32767，可以判断是长整型常量。

单精度类型有 3 种形式：123.45、123!、12.3E3。

双精度类型有两种形式：123.45#、12.3D3。

若整数部分为 0，则可以省略整数部分，但要保留小数点，如 .5。

字符型：用双引号 " " 括起来。在英文状态下，双引号没有左右之分，如 "200"、"ECJTU"、" 星期天 "。其中，"200" 完全由数字构成，称为"数字字符串"。

逻辑型：只有两个值，True 和 False。注意，"True" 和 "False" 不是逻辑常量，而是字符串常量。True 不要写成 Ture。

日期（时间）型：用 #(井号) 括起来，如 #11/20/2006#、#12：00：00#。

（2）符号常量。Const 符号常量名 [As 类型] = 表达式。

（3）系统常量。比较常用的系统常量如 vbCrLf，表示回车换行。

4. VB 中的变量

在一定范围内不能有两个同名的变量。系统默认数值型变量初值为 0，字符型变量初值为空串，Variant 类型变量初值为空值 Null。

Dim x, y, z As Integer　　声明了 3 个变量，但仅 z 是整型，x 和 y 是 Variant 类型。

需要指出一点，变量存放的值是动态的，可以不断变化。当给变量赋了一个新的值后，该变量原先所保存的值被覆盖，变量只保留最近的一个值。

如下面程序：

```
Private Sub Form_Click()
    Dim x As Integer
    x = 20
    Print x
    x = 30
    Print x
End Sub
```

运行结果是：20 和 30。

两个相同的语句"Print x"产生的结果不同，原因在于变量 x 的值在发生改变。对于变量的值要动态地分析。

5. 运算符及优先级

函数		从高到低↓
算术运算符 ^, −（取负）, * 和 /, \, Mod, + 和−	从高到低	
字符运算符	+、&	同级
关系运算符	>、>=、<、<=、=、< >、Is、Like	同级
逻辑运算符	Not, And, Or 和 Xor, Eqv, Imp	从高到低

6. 表达式的书写及类型

书写规则：左到右在同一基准上书写，无高低、大小；乘号不能省略，应该写成"*"，不能用"·"代替；两个运算符不能相连，应该用括号隔开；用括号可以改变运算的优先级，括号应该使用圆括号，可以出现多个括号，但要配对使用；指数运算如 A^B 中，当 A 或 B 不是单个常量或变量时，要用括号括起来。

值的类型：字符表达式的类型是字符型；关系表达式和逻辑表达式的类型是逻辑型；在算术表达式中出现不同类型的数据时，应向精度高的数据类型转换。

7．函数

VB 提供了十分丰富的函数供用户使用，配套主教材中分类列出了一些常用函数，对函数完整的形式和使用举例可以参考 VB 的联机帮助。

三、实验示例

【例 2-1】编写一个华氏温度和摄氏温度之间转换的程序。

1．界面设计

参照图 2-1 所示的运行界面。

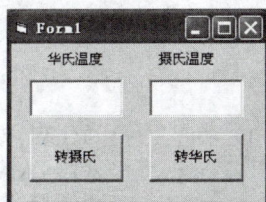

图 2-1　例 2-1 运行界面

用到的控件：标签 Label1、Label2，文本框 Text1、Text2，命令按钮 Command1、Command2。

2．属性设置

属性设置如表 2-1 所示。

表 2-1　　　　　　　　　　　　例 2-1 的属性设置

控 件 名	属 性 名	属 性 值
Label1	Caption	华氏温度
Label2	Caption	摄氏温度
Text1	Text	
Text2	Text	
Command1	Caption	转摄氏
Command2	Caption	转华氏

3．分析

若华氏温度 N 度，要转换成摄氏温度，对应的表达式是为

$$5 / 9 * (N - 32)$$

反过来，若摄氏 M 度，转换成华氏温度，对应的表达式是：

$$9 / 5 * M + 32$$

程序运行时，若要将华氏温度转换成摄氏温度，需要先在文本框 Text1 中任意输入一个华氏温度，如 100，然后单击"转摄氏"按钮，之后在文本框 Text2 中就可以看到相应的摄氏温度 37.77778 了。

本题的关键如下。

（1）要转换的温度是随机输入的，不是固定的。

（2）在文本框中输入的内容存放在其 Text 属性里，Text 属性的类型是字符型。也就是说，若在 Text1 中输入 100，则 Text1 控件的 Text 属性对应的属性值为 "100"，是一个数字字符串。

（3）数字字符串参加算术运算时，最好将其转换成数值型，需要用到转换函数 Val()。也就是说，表示输入的华氏温度可以用 Val(Text1.Text)。要将其转换成摄氏温度，套用公式，即可得到对应的表达式：

$$5 / 9 * (Val(Text1.Text) - 32)$$

（4）文本框显示的内容是由其 Text 属性决定的。转换之后的结果要在 Text2 中显示出来，就要将 Text2 的 Text 属性值设置成上面表达式的结果。用到的语法是给对象的属性赋值：

对象名 . 属性名 = 属性值

$$Text2.Text = 5 / 9 * (Val(Text1.Text) - 32)$$

"="右边的内容较长，可以作相应的处理。

4. 对象事件代码

```
Private Sub Command1_Click()
    Dim f As Single, c As Single        '通过变量转换，变量类型要符合输入数据的要求
    f = Val(Text1. Text)                '获得输入的华氏温度，放在变量 f 中
    c = 5 / 9 * (f - 32)                '用公式转换成摄氏温度，放在变量 c 中
    Text2. Text = c                     '将结果在 Text2 中显示出来，修改其 Text 属性
End Sub
Private Sub Command2_Click()
    Text1.Text = 9 / 5 * Val(Text2.Text) + 32    '不使用变量，直接用公式转换
End Sub
```

要注意的是，变量可以用来存放数据；第 1 段程序共 4 条语句，每条语句的先后顺序不能颠倒。VB 系统按照语句书写的先后运行。

5. 运行界面（见图 2-1）

6. 程序调试

在编写代码的时候，有时会出现各种各样的错误。特别是对于初学者，就算书上给出了源代码，在 VB 中输入和运行过程中也会出现各种问题。下面来看看本题可能出现哪些错误（假设各对象的名称都和第 2 条里指定的一样）。

（1）未加界符。

若将语句：

```
Dim f As Single, c As Single
```

写成：

```
Dimf As Single, c As Single            '两个单词 Dim 和 f 之间没用空格作为界符
```

将出现如图 2-2 所示的错误。

修改的方法是：在 Dim 和 f 之间加上空格。

（2）类型名称写错。

若将语句：

```
Dim f As Single, c As Single
```

写成：

```
Dim f As Singel, c As Single    '第 1 个单精度类型单词写错，后面 2 个字母写反了
```

　　将出现如图 2-3 所示的错误，错误提示"用户定义类型未定义"。单词"As"后面应该跟数据类型，可以是 VB 的标准数据类型，也可以是用户自定义类型。系统检测到标准数据类型中没有"Singel"这个类型，故判断"Singel"是用户自定义类型。而用户自定义类型要先定义才能使用。VB 系统没有检测到定义"Singel"类型的过程，故产生错误提示"用户定义类型未定义"。

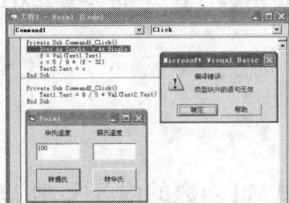

图 2-2　未加界符出现的错误

图 2-3　类型名写错

　　修改的方法是：将 Singel 改成 Single。

　　这个错误细心的同学在代码窗口中输入代码时就可以自己发现。"Dim f As Single"中共 7 个单词，其中 3 个是界符空格，其他的除了 f 是变量名外，另外 3 个都是系统的关键字，在代码窗口是用深蓝色的字体显示的。"Single"错写成"Singel"后，其颜色是黑色，而不是深蓝色。

（3）要求对象。

若将语句：

```
f = Val(Text1. Text)
```

写成：

```
f = Val(Text11. Text)          '对象名多写了个1
```

将出现如图 2-4 所示的"要求对象"的错误。

单击"调试"按钮后，代码窗口将以亮黄色显示出现错误的地方，如图 2-5 所示。

图 2-4　要求对象的错误 1

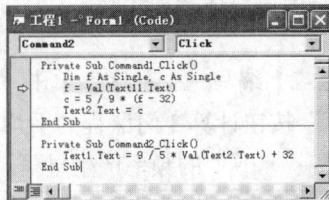

图 2-5　要求对象的错误 2

　　该错误的出现原因是：第 1 个文本框的名称是 Text1，代码中写成了"Text11"，多写了个 1。VB 系统按照代码中指定的对象名"Text11"到窗体上去找，没有找到，产生"要求对象"的错误。

　　产生"要求对象"的错误，无外乎下面两个原因。

　　① 代码中指定的对象窗体上不存在。如窗体上根本没有放置文本框，而在代码中出现了文本框对象。

　　② 窗体上放置的对象的名称跟代码中指定的不一样。如在属性窗口修改了对象的名称而自己却忘记了，代码中仍然用原来的老名称；或者输入时不小心输入了一些别的字符。

　　修改方法是：保持对象在代码中引用的名称和在属性窗口的名称一致。可以在代码窗口中将"Text11"改成"Text1"；也可以在属性窗口将第 1 个文本框的"名称"属性改成"Text11"，这样的话，要将代码窗口中对第 1 个文本框的引用都改成"Text11"。

（4）运行结果跟实际情况不符。上面 3 个错误在运行过程中可以发现，下面这种情况运行时正常，只是运行的结果跟实际情况不相符。

若在 Text1 中输入 "ABC"，单击 "转摄氏" 后将出现如图 2-6 所示的运行结果。

在实际生活中，是不能将 "ABC" 当成华氏温度的，更不可能将其转换成摄氏温度。该题为什么会出现如图 2-6 所示的结果呢？程序的运行结果完全是由程序决定的。在 Text1 中输入 "ABC" 后，语句：

```
f = Val(Text1. Text)
```

相当于：

```
f= Val("ABC")
```

而表达式 Val(" ABC") 的值为 0（具体语法参考教材中 Val 函数的内容），所以上面语句的运行结果是变量 f 的值为 0，相当于在对华氏 0 度进行转换。

（5）程序运行没反应。

若将第 1 段程序的第 1 行：

```
Private Sub Command1_Click()
```

写成：

```
Private Sub Command1_Clic()          ' "Click" 单词写错，少了一个字母 "k"
```

运行时输入华氏温度后单击 "转摄氏" 按钮，是没有任何反应的。

"转摄氏" 按钮的单击事件的名称是 Command1_Click，少写个字母 "k"，VB 系统就不能将其判断为 Command1 的单击事件，而是判定代码中没有编写 Command1 的 Click 事件，故单击后没有反应。

由于篇幅有限，本例只介绍这些可能出现的错误。实际上，每一行都有可能出错，错误的种类也很多。希望大家把教材中的编码规则记熟，尽量避免出错。一旦出错，不要慌张，根据错误提示，从 VB 语法的角度思考问题。不要想当然，VB 系统有它的一套处理方式，要从正确的和错误的代码中得出体会和经验。

【例 2-2】编写一个程序，单击 "产生" 命令按钮随机产生 3 门课程的成绩并显示出来，单击 "计算" 按钮计算 3 门课程的平均成绩并显示，显示要求保留两位小数，并在平均成绩之前按每 4 分一个 "*" 的频率产生星号。

1. 设计界面

设计界面如图 2-7 所示。

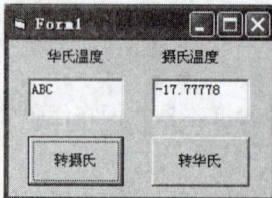

图 2-6 运行结果跟实际情况不相符

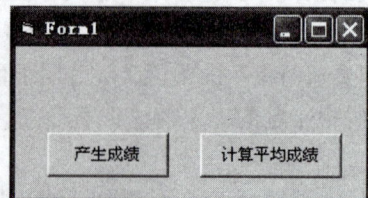

图 2-7 例 2-2 设计界面

2. 属性设置

属性设置如表 2-2 所示。

表 2-2　　　　　　　　　　　例 2-2 的属性设置

控 件 名	属 性 名	属 性 值
Command1	Caption	产生成绩
Command2	Caption	计算平均成绩

3. 分析

在例 2-1 中，运行需要的数据是在文本框中随机输入的，本题的数据是通过随机函数 Rnd 随机产生的，不需要文本框。

本题的关键如下。

（1）通过随机函数产生 3 个 [0,100] 范围内的随机整数（可以参考教材中的 Rnd 函数的知识，有对应公式）。

（2）3 个分数在 2 个命令按钮的单击事件中都要用到，必须将变量定义在通用声明中。

（3）平均分的计算用表达式实现，平均分的输出要用到 String() 和 Format() 函数。

4. 对象事件代码

对象事件代码如下。

```
Dim a As Integer, b As Integer, c As Integer     '注意变量在通用声明段定义
Dim aver As Single
Private Sub Command1_Click()
    Randomize Timer                              '对随机数发生器进行初始化
    a = Int(Rnd * 101)                           '产生第 1 个随机数，存放在变量 a 中
    b = Int(Rnd * 101)                           '产生第 1 个随机数，存放在变量 b 中
    c = Int(Rnd * 101)                           '产生第 1 个随机数，存放在变量 c 中
    Print "三门课程的成绩分别为："  '显示结果之前的提示
    Print a, b, c
End Sub
Private Sub Command2_Click()
    aver = (a + b + c) / 3                        '计算平均分
    Print "三门课的平均成绩为："
    Print String(aver \ 4, "*"); Format(aver, "##.00")  'String() 函数和 Format() 函
数的使用
End Sub
```

5. 运行结果

运行结果如图 2-8 所示。

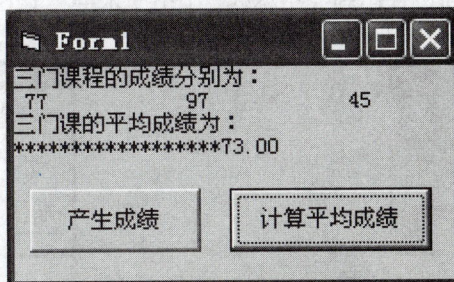

图 2-8　例 2-2 运行结果

四、上机实验

1. 大小写转换。在文本框 Text1 中输入英文字符串，按"转大写"按钮，字母变大写，将第 1 个字符的 ASCII 码显示在 Label3 中，按"转小写"按钮，字母变小写，并将第 1 个字符的 ASCII 码显示在 Label3 中。运行结果如图 2-9 所示。

> 要是标签控件显示凹进去的效果，要将其 BorderStyle 属性设置为 1。要将转换之前的原始字符串通过变量保存起来才能还原。用到的函数：Ucase()、Lcase()、Asc()。

2. 产生随机数。在文本框中输入数据范围，随机产生 3 个指定范围内的随机整数，求出 3 个整数平方根之和，将结果在图形框 Picture1 中显示，保留小数点后 4 位。运行结果如图 2-10 所示。

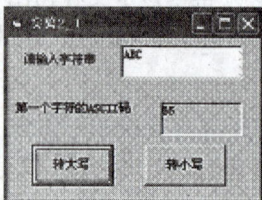

图 2-9　上机实验 1 运行结果　　　　图 2-10　上机实验 2 运行结果

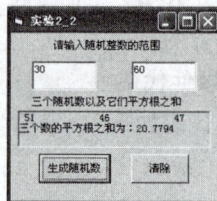

> 保留小数点后 4 位用 Format() 函数实现，在图片框中显示和在窗体上显示的方法一样，使用 Print 方法，清除使用 Cls 方法。如 Picture1.Print a,b,c Picture1.Cls。

3. 获取子字符串。在文本框 Text1 中输入一个较长的字符串，在 Text2 中输入起始位置，在 Text3 中输入获取字符长度。单击"取子串"命令，在 Text4 中显示在 Text1 中从起始位置开始获取指定长度的字符。运行结果如图 2-11 所示。

> Text1 中的字符若包含空格，要先去掉左右两边的空格。需要用到的函数：Trim() 和 Mid()。

4. 符号常量的应用。输入半径，单击"开始"按钮计算球的体积，计算结果保留两位小数。运行结果如图 2-12 所示。界面设计用到 3 个标签，1 个文本框，3 个命令按钮。

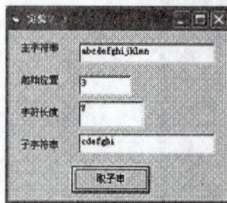

图 2-11　上机实验 3 运行结果　　　　图 2-12　上机实验 4 运行结果

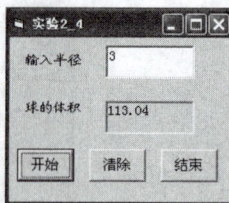

要求：圆周率用符号常量来实现，保留两位小数用 Format() 函数实现。

5. 取整函数的应用。分别用 3 个取整函数对 Text1 里的内容取整。运行结果如图 2-13 所示。

对 Text1 的内容用 Val() 函数处理。用到的函数：Int()、Cint()、Fix()。

6. 字符串函数的应用。字符串函数的应用。在文本框 1 中输入一个不少于 20 个字符的主字符串，文本框 2 中输入一个子字符串 1（子串一定要被主串包含，否则运行会出错），文本框 3 中输入要替换的子串 2。3 个文本框的内容可以在设计时设置好初始值，运行时就可以不输入。编写窗体的单击事件，在程序中去掉 3 个字符串左右两边的空格，将主字符串中出现的第 1 个子字符串 1 用子串 2 来代替，生成的新字符串在标签中显示出来。运行结果如图 2-14 所示。要求：不能使用 Replace() 函数来实现。

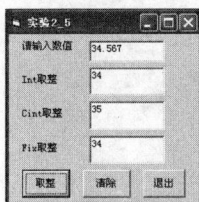

图 2-13　上机实验 5 运行结果　　　图 2-14　上机实验 6 运行结果

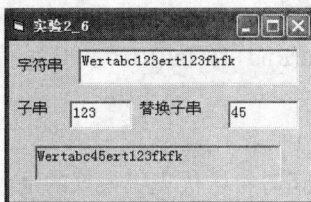

用到的函数有 Trim()、Len()、InStr()、Left() 和 Mid() 等。分别用表达式获得要替换的子字符串左边和右边的内容，然后把 3 部分用 "+" 连接起来。

7. Shell 函数的使用。利用 Shell() 函数调用画图和 VB 应用程序。设计界面如图 2-15 所示。

画图运行的应用程序是 mspaint.exe，VB 运行的应用程序的是 VB6.EXE，可以搜索它们的路径。

8. Format 函数的使用。在文本框中输入一个数字字符串，单击窗体，将其转换成数值，用数值格式化符："#"、"0"、"."、","、"%"、"$"、"E+" 在图片框 Picture1 中用 Format 函数输出该数。运行结果如图 2-16 所示。

图 2-15　上机实验 7 设计界面　　　图 2-16　上机实验 8 运行结果

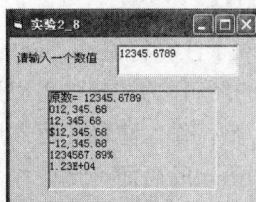

2.2 习　　题

一、选择题

1. 下列单词不能作为界符的是_____。

　　（A）空格　　　　　　　　　　　　（B）圆括号

　　（C）+　　　　　　　　　　　　　（D）Mod

2. 下列标识符命名合法的是_____。

　　（A）合法　　　　　　　　　　　　（B）2x

　　（C）X-2　　　　　　　　　　　　（D）cox(x)

3. 以下常量合法的是_____。

　　（A）&18　　　　　　　　　　　　（B）1.2E3

　　（C）%100　　　　　　　　　　　（D）123,456

4. 表达式 Int(Rnd+1)+Int(Rnd − 1) 的值是_____。

　　（A）0　　　　　　　　　　　　　（B）1

　　（C）− 1　　　　　　　　　　　　（D）2

5. 下列算术运算符中优先级最低的是_____。

　　（A）^　　　　　　　　　　　　　（B）/

　　（C）Mod　　　　　　　　　　　（D）\

6. 表达式 x + 1 > x 是下面哪种类型的表达式_____。

　　（A）关系表达式　　　　　　　　　（B）逻辑表达式

　　（C）算术表达式　　　　　　　　　（D）非法表达式

7. 产生 [10，37] 之间随机整数的 VB 表达式是_____。

　　（A）Int(Rnd*27) + 10　　　　　　（B）Int(Rnd*28) + 10

　　（C）Int(Rnd*27) + 11　　　　　　（D）Int(Rnd*28) + 11

8. 在同一行中书写多条语句，每条语句之间用_____隔开。

　　（A）分号　　　　　　　　　　　　（B）逗号

　　（C）单引号　　　　　　　　　　　（D）冒号

9. 单条语句分成 n 行书写，在前 n − 1 行末尾要加上续行符，下面_____是续行符的正确写法。

　　（A）_（空格 + 下划线）　　　　　（B）分号

　　（C）逗号　　　　　　　　　　　　（D）-（空格 + 减号）

10. 下列关于注释符说法正确的是_____。

　　（A）整行作为注释的可以用 Rem 作注释符

　　（B）整行作为注释的可以用单引号作注释符

　　（C）语句的后面一部分作为注释的可以用 Rem 作注释符

　　（D）语句的后面一部分作为注释的可以用单引号作注释符

11. 长整型的类型符是_____。

（A）%　　　　　　　　　　　　（B）&

（C）!　　　　　　　　　　　　（D）#

12. 下列常量中不是整型的是_____。

（A）&12　　　　　　　　　　　（B）&H12

（C）32768　　　　　　　　　　（D）10000

13. 表达式 25.28 Mod 6.99 的值是_____。

（A）1　　　　　　　　　　　　（B）4

（C）5　　　　　　　　　　　　（D）出错

14. 若 x 是一个正数，采用四舍五入保留两位小数的表达式是_____。

（A）0.01*Int(x + 0.5)　　　　　（B）0.01*Int (100*(x + 0.05))

（C）0.01*Int(100*(x + 0.005))　（D）0.01*Int(x + 0.005)

15. 函数 Ucase(Mid("visual basic ",8,5)) 的值是_____。

（A）Visual　　　　　　　　　　（B）VISUAL

（C）basic　　　　　　　　　　（D）BASIC

16. Rnd 函数不可能为下面哪个值_____。

（A）1　　　　　　　　　　　　（B）0

（C）0.9999　　　　　　　　　　（D）0.100005

17. 表达式 123 + Mid("123456", 3, 2) 的值为_____。

（A）"1234"　　　　　　　　　　（B）"12334"

（C）123　　　　　　　　　　　（D）157

18. 以下语句的输出结果是_____。Print Format(32548.5, "000,000. 00")

（A）032548.50　　　　　　　　（B）32548.5

（C）32548.5　　　　　　　　　（D）32548.50

19. 下列函数中，返回值不是字符型的是_____。

（A）String()　　　　　　　　　（B）InStr()

（C）Mid()　　　　　　　　　　（D）Format()

20. 将数字字符串转换成数值的函数是_____。

（A）Asc()　　　　　　　　　　（B）Int()

（C）Val()　　　　　　　　　　（D）Str()

21. 下面数据类型中，占用的存储单元与其他 3 个不同的是_____。

（A）Double　　　　　　　　　（B）Date

（C）Single　　　　　　　　　（D）Currency

22. 数学式 sin45° 对应的 VB 表达式是_____。

（A）sin(45*3.14/180)　　　　　（B）sin(45)

（C）sin45°　　　　　　　　　（D）sin(45°)

23. 要获得 3 位整数 x 的十位上的数符，对应的表达式是_____。

（A）x Mod 100 \ 10　　　　　（B）(x Mod 100) \ 10

（C）(x Mod 100) / 10　　　　　（D）x Mod 100 /10

24. 数学关系 3≤x<10 表示正确的 VB 表达式是_____。

（A）3 <= x < 10　　　　　　　（B）3 <= x And x < 10

19

（C）x > = 3 Or x < 10　　　　　　　　（D）3 <= x And < 10

25. 表达式 16/4-2^5*8/4 Mod 5\2 的值为_____。

　　（A）14　　　　　　　　　　　　　　（B）2

　　（C）20　　　　　　　　　　　　　　（D）4

26. 与数学表达式 $\dfrac{ef}{2ab}$ 对应的 VB 表达式，不正确的是_____。

　　（A）e*f/(2*a*b)　　　　　　　　　（B）e/2*f/a/b

　　（C）e*f/2/a/b　　　　　　　　　　（D）e*f/2*a*b

27. 表达式 123 & Mid("123456", 3, 2) 的值为_____。

　　（A）"1234"　　　　　　　　　　　　（B）"12334"

　　（C）123　　　　　　　　　　　　　（D）157

28. VB 中采用的编码方式是_____。

　　（A）ASCII 码　　　　　　　　　　　（B）DBCS 编码

　　（C）Unicode 编码　　　　　　　　　（D）以上都不是

29. VB 中求平方根的函数是_____。

　　（A）Sqr()　　　　　　　　　　　　（B）Abs()

　　（C）Int()　　　　　　　　　　　　（D）Exp()

30. 语句 Print True + 3 的运行结果是_____。

　　（A）True3　　　　　　　　　　　　（B）3

　　（C）2　　　　　　　　　　　　　　（D）运行出错

二、填空题

1. 整型的表示范围是_____。

2. 常量 123D4 的类型是_____。

3. 算术表达式 $\dfrac{-b\sqrt{b^2-4ac}}{2a}$ 对应的 VB 表达式是_____。

4. 算术表达式 e^{x}sin(30°) × 2x/(x + y)Ln(x) 对应的 VB 表达式是_____。

5. 算术表达式 $\sqrt{p(p-a)(p-b)(p-c)}$ 对应的 VB 表达式是_____。

6. 若 a$ = "12345678 "，则表达式 Val(Left$(a$,4) + Mid$(a$,4,2)) 的值为_____。

7. 随机产生 [3,200] 范围内的随机整数的 VB 表达式是_____。

8. 表达式 18\4*4.0^2/1.6 的值为_____。

9. 表达式 9>13 And Not False 的值为_____。

10. 表达式 Int(45.678*100 + 0.5)/100 的值为_____。

11. 表达式 23 + 45 Mod 10 \ 6 + Asc("abc") 的值为_____。

12. 常量 "123" 的类型是_____。

13. 表示 x 是 3 的倍数，对应的 VB 表达式是_____。（多用几种方法表示）

14. 表达式 LenB(" 英语 ABC") 的值为_____。

15. 将任意一个两位数 x 的个位与十位数调换。例如 x = 78，调换之后为 87，对应的表达式_____。

16. 将逻辑运算符 And、Or、Not 按优先顺序排列，分别是_____。

17. 表达式 10 Mod 2.5 的值为_____。

18. 在 VB 程序中要调用 Word 应用程序，应使用_____函数。

19. 运行语句 Print "abc" + 10 时，将出现什么错误提示?_____

20. 语句 Print Val("abc") + 10 的运行结果是_____。

21. 判断 y 年是否为闰年的 VB 表达式是_____。

22. 若 s$= "abcdefg"，要得到字符串 "efg"，对应的 VB 表达式_____。

23. Format() 函数的返回值的类型是_____。

24. 计算离你毕业（假定 2012 年 7 月 1 日毕业）还有多少个星期的表达式是_____。

25. 要以"××××年××月××日"的形式显示系统当前的日期，对应的 Format 函数表达式是_____。

26. 计算已进入 21 世纪有多少天的 VB 表达式是_____。

27. 已知 a = 3.5，b = 4.0，c = 2.6，d = True，则表达式 a >= 0 And a + c > b + 3 Or Not d 的值是_____。

28. 表达式 "12" > "3" 的值为_____。

29. 表达式 "abd" > "abcd" 的值为_____。

30. 将任意一个三位整数 x 的个位数移到百位（假设个位不为 0）。例如 x = 345，移后 x 的值为 534，对应的 VB 表达式是_____。

第3章
Visual Basic 程序初步

3.1 实　　验

一、实验目的

1. 掌握程序设计的基本命令。
2. 掌握简单的输入、输出语句。
3. 掌握命令按钮、标签及文本框控件的使用方法。

二、知识介绍

1. 赋值语句。

赋值语句是程序中最基本的语句，赋值语句可将指定的值赋值给某个变量或对象的属性。它是最简单的顺序结构，其使用语法如下：

[Let] <变量>=<表达式>

或：<对象名>.<属性>= <表达式>

其含义是将表达式的值赋给变量或属性。

2. 数据输出和输入。

（1）Print 方法。Print 方法用于在窗体、立即窗口、图片框、打印机等对象中显示文本字符串和表达式的值。Print 方法的格式和功能与早期 BASIC 语言中的 Print 语句类似。其使用语法如下：

[对象名 .] Print [[Spc(n) | Tab(n)]] [表达式列表][; | ,]

（2）Cls 方法。Cls 方法可以清除 Form 或 PictureBox 中由 Print 方法和图形方法在运行时所生成的文本或图形，并把光标移到对象的左上角（0，0）。Cls 方法的语法格式为：

[对象名称 .] Cls

（3）输入对话框。VB 提供了一个既方便又好用的内置式对话框——输入对话框。输入对话框显示了要求用户输入内容的消息、用户能够输入数据的文本框，以及"确定"和"取消"命令按钮，用来接收或终止输入数据。

在对话框来中显示提示，等待用户输入正文或按下按钮，并返回包含文本框内容的 String。其语法格式是：

InputBox(prompt[,title][,default][,xpos][,ypos][,helpfile,context])

（4）消息对话框。执行 VB 提供的 MsgBox 函数，可以在屏幕上出现一个消息框，消息框通知用户消息并等待用户来选择消息框中的按钮，MsgBox 函数返回一个与用户所选按钮相对应的整数。当用户单击某个按钮后，将返回一个数值以标明用户单击了哪个按钮。

语法格式：

```
MsgBox(prompt[,buttons][,title][,helpfile,context])
```

3.　常用语句。

（1）注释语句。

```
Rem 注释内容
```

或

```
' 注释内容
```

（2）结束语句。

格式：`End`

功能：结束程序的运行或结束一个过程模块。

（3）暂停语句。暂停语句主要用来把正执行的解释程序设置为中断模式，以便用户对当前正在运行的程序进行检查和调试。

格式：`Stop`

功能：用来暂停程序的执行，同时打开立即窗口。它的运作类似"运行"菜单中的"中断"命令。

4.　基本控件。

控件同窗体一样，也是 Visual Basic 的对象。因为有了控件，才使 Visual Basic 功能强大且使用方便。Visual Basic 中的控件分为 3 类：标准控件（也称内部控件）、Active X 控件和可插入对象。控件以图标的形式在"工具箱"中列出。启动 Visual Basic 后，工具箱内显示的是标准控件。

（1）命令按钮（CommandButton）。命令按钮的属性除包括前面窗体讲到的 Name、Top、Left、Height、Width、FontName、FontSize、FontBold、FontItalic、FontUnderline、BackColor、ForeColor、Enabled、Visible 等属性外，它还有 Cancel、Caption、Default、Enabled、Picture、Style 等属性。

命令按钮的常用事件是 Click 事件。

（2）标签（Label）。Label 控件是图形控件，可以显示用户不能直接改变的文本。标签也是 VB 中最简单的控件，用于显示字符串，通常显示的是文字说明信息，但不能编辑标签控件。

标签的属性很多，常用的属性有 Alignment、AutoSize、BackStyle、BorderStyle、WordWrap 等属性。

标签最常用的事件是 Click（单击）事件和 DblClick（双击）事件。但通常标签只起到在窗体上显示文本的作用，标签控件不用来触发事件过程，不必编写事件过程。例如，可以用标签为文本框、列表框、组合框等控件附加说明性信息。

（3）文本框（TextBox）。TextBox 控件，又称文本框控件，它被用来显示用户输入的信息，是 Windows 操作系统下进行人机对话的常用元素。

文本框的常用属性有 Text、MaxLength、MultiLine、PasswordChar、ScrollBars、SelLength、SelStart 和 SelText 等属性。

文本框的常用方法有 SetFocus 方法，较常用事件是 Click、DblClick 等鼠标事件，同时支持 Change、KeyPress、GotFocus、LostFocus 等事件。

三、实验示例

【例 3-1】设计一个加法器，单击"相加"按钮结果，把两个放在文本框的数据相加结果存放在另一个文本框中，单击"清除"按钮则清除 3 个文本框中的内容。单击"退出"则程序运行结束。

分析：根据题意，我们知道要创建 3 个标签用于显示 3 个的提示信息，3 个文本框，分别用来存放两个加数以及和，创建 3 个命令按钮，用于代表相加，清除和程序的结束。具体设计如下。

（1）设计应用界面，布局如图 3-1 所示。

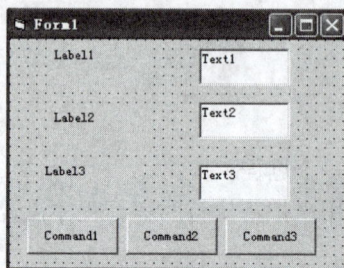

图 3-1　设计用户界面

（2）设置对象属性，属性的设置如表 3-1 属性设置。

表 3-1　　　　　　　　　　　　例 3-1 属性设置

控 件 名	属 性 名	属 性 值
Text1	Text	""（空）
	Font	宋体、四号
Text2	Text	""（空）
	Font	宋体、四号
Text3	Text	""（空）
	Font	宋体、四号
Label1	Caption	第一个数
	Font	宋体、四号
Label2	Caption	第二个数
	Font	宋体、四号
Label3	Caption	相加的和
	Font	宋体、四号
Command1	Caption	相加
	Font	宋体、四号
Command2	Caption	清除
	Font	宋体、四号
Command3	Caption	结束
	Font	宋体、四号

（3）对象事件代码。

"相加"命令按钮事件过程代码如下：

```
Private Sub Command1_Click()
```

```
    x = Val(Text1.Text)   '把字符型数据转换成数值型
    y = Val(Text2.Text)
    Text3.Text = x + y
End Sub
```

"清除"命令按钮事件过程代码如下：

```
Private Sub Command2_Click()
    Text1.Text = ""
    Text2.Text = ""
    Text3.Text = ""
End Sub
```

"结束"命令按钮事件过程代码如下：

```
Private Sub Command3_Click()
    End
End Sub
```

（4）程序运行，单击"运行"菜单中的"启动"，在两文本框中分别输入 3 和 8，单击相加命令按钮，结果如图 3-2 所示。

（5）程序的存盘。

【例 3-2】求圆的面积，利用 InputBox 函数输入半径，结果通过 MsgBox 语句输出。

分析：要求圆的面积，只要知道半径的值，题目已经要求用 InputBox 函数输入、MsgBox 输出，该函数使用的是对话框界面，可以提供一个良好的交互环境。

（1）设计应用界面。

在窗体上添加一个命令按钮，初始界面图省略。

（2）设置对象属性，如表 3-2 所示，结果如图 3-3 所示。

表 3-2　　　　　　　　　　　　例 3-2 属性设置

控 件 名	属 性 名	属 性 值
Command1	Caption	单击此处求圆的面积
Form1	Caption	求圆的面积

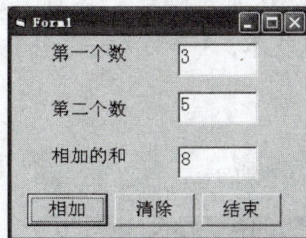

图 3-2　程序运行结果　　　　　　　　图 3-3　例 3-2 用户界面

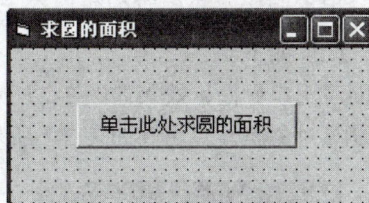

（3）对象事件代码。命令按钮事件过程代码如下：

```
Private Sub Command1_Click()
    Const pi = 3.14159
    r = Val(InputBox("请输入半径", "输入半径", 2))   '2代表R的默认值
```

```
    s = pi * r * r
    ss = "半径=" + Str(r) + ", 圆的面积=" + Str(s)
    MsgBox ss, 64, "确认窗口"
End Sub
```

（4）运行效果。单击工具栏上的"启动"按钮，进入运行模式。单击"单击此处求圆的面积"命令按钮，在弹出的输入框中输入圆的半径 5，如图 3-4 所示，在消息框中输出半径和计算出来的圆的面积，如图 3-5 所示。

图 3-4 输入圆的半径

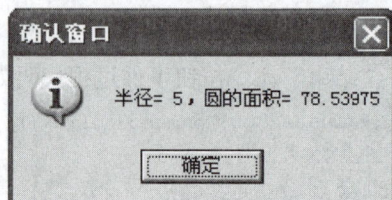

图 3-5 输出圆的半径和面积

（5）存盘。

【例 3-3】在文本框中输入一字符串，单击"命令"按钮，可对字符串进行放大或缩小。图 3-6 所示为经过放大操作后的界面状态。

要求：

（1）单击"放大"按钮将文本框中的字符串放大（字体放大），放大倍数大小通过随机函数产生（Rnd），范围在 1～2 倍，倍数表达式为 Int(Rnd*2+2)。为了使每次运行时产生不同的放大倍数，程序初始时应执行 Randomize 语句。

（2）同样，单击"缩小"按钮，进行缩小 1～3 倍，缩小的倍数也通过上述方式产生。

（3）单击"还原"按钮，字体大小恢复成初始状态（字体磅值为 9），"放大"、"缩小"按钮也改变成可操作状态。

图 3-6 例 3-3 程序运行结果

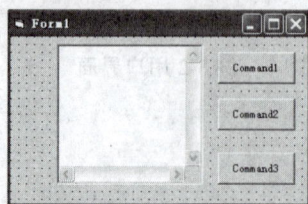

（4）不能连续进行放大或缩小操作。执行放大后，"放大"按钮呈暗淡色（不可操作），"缩小"、"还原"按钮有效。同样执行了缩小操作后，"缩小"按钮不可操作，而"放大"、"还原"按钮有效。

分析：根据题意，我们要创建一个文本框用于存放所输入文本，3 个命令按钮用于放大、缩小和还原，设计如下。

（1）创建用户界面，效果如图 3-7 所示。

（2）设置对象属性，属性如表 3-3 所示。设置后结果如图 3-8 所示。

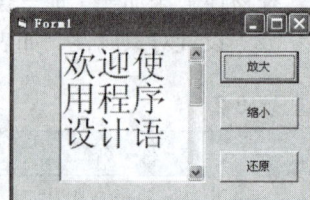

图 3-7 例 3-3 用户界面

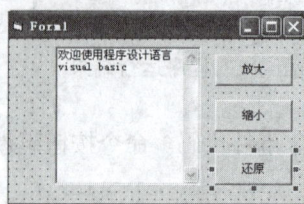

图 3-8 属性设置后效果

表 3-3　　　　　　　　　　例 3-3 属性设置

控 件 名	属 性 名	属 性 值
	Text	欢迎使用程序设计语言 visual basic
Text1	Scrollbars	2
	Multiline	ture
Command1	Caption	放大
Command2	Caption	缩小
Command3	Caption	还原

（3）对象事件代码。

```
Dim x          '定义一个窗体级变量，以便 x 可以在下列事件代码中通用
Private Sub Form_Load()
    x = Text1.FontSize
End Sub
Private Sub Command1_Click()
    Text1.FontSize = Text1.FontSize * Int(Rnd * 2 + 1)
End Sub
Private Sub Command2_Click()
    Text1.FontSize = Text1.FontSize / Int(Rnd * 2 + 1)
End Sub
    Private Sub Command3_Click()
Text1.FontSize = x  'x 的值是从 LOAD 事件中获取的
End Sub
```

（4）运行如前面所示。

（5）存盘。

【例 3-4】程序调试，和例 3.1 相似，创建 3 个文本框用于放两个加数和它们的和，单击窗体得出结果，用户界面正确，看下面的程序代码，看看错在哪里。

```
Option Explicit
Private Sub Form1_Click()
    x = text1.Text
    y = text2.Text
    z = x + y
    text3.Caption = z
End Sub
```

（1）单击"运行"菜单的启动，出现如图 3-9 所示界面，从键盘中输入 x 和 y 的值 2 和 3，单击窗体，没有反应，关闭窗口，查看代码，看到事件名为 Form1_Click()，通过前面的学习，我们知道窗体的单击事件为 Form_Click()，故把此处修改好。

（2）再次运行程序，从键盘中输入 x 和 y 的值 2 和 3，单击窗体，屏幕出现如图 3-10 所示的错误信息，提示"变量未定义"，单击"确定"按钮，程序自动进入如图 3-11 所示中断模式。进入该模式后，主窗口

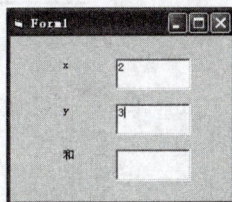

图 3-9　例 3-4 运行界面

的标题栏将显示"中断"字样，程序被挂起。

图 3-10 "变量未定义"错误信息图

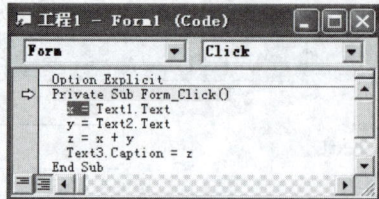

图 3-11 中断模式下代码窗口

此时，我们可以查看并修改代码，也可检查数据是否正确，修改完程序后，可继续执行程序或单击"结束"命令停止程序执行。我们发现，在通用声明处发现 Option Explicit 说明要求强制显示定义变量，而并没有对 x、y、z 进行定义，因此，事件一开始加上一条语句：

```
Dim x, y, z
```

（3）再次运行程序，程序又出现图 3-12 所示错误，单击"确定"按钮，程序自动进入如图 3-13 所示的中断模式，也可以发现出错处系统标记出来了。

图 3-12 编译错误信息图

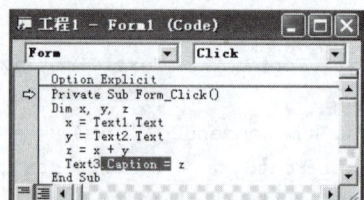

图 3-13 中断模式下代码窗口

我们发现 Text3.Caption = z 这条语句有错，文本框没有 Caption 属性，因此该语句应改为 Text3.Text = z。

（4）修改好后，再次运行程序，发现程序运行正常，如图 3-14 所示，但答案是错误的，说明语法没有错误，但算法有问题，查看程序，我们发现求和语句为 z = x + y，而 x 和 y 的值分别来自文本框，而文本框的数据是字符型，所以答案是两个数据的连接，只需把 x 和 y 的赋值语句修改一下，修改它们的数据类型，即 x = Val(Text1.Text) 和 y = Val(Text2.Text)。

（5）再次运行程序，结果正确，如图 3-15 所示。

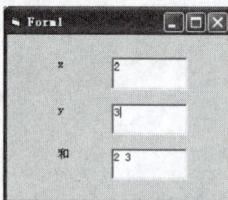

图 3-14 程序运行正常，结果出错

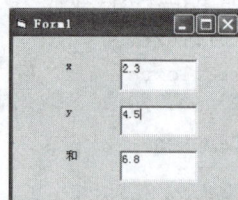

图 3-15 程序修改正确后运行界面

（6）查看一下修改后的程序代码。

```
Option Explicit
Private Sub Form_Click()
    Dim x, y, z
        x = Val(Text1.Text)
```

```
      y = Val(Text2.Text)
      z = x + y
      Text3.Text = z
End Sub
```

> 程序的修改方法很多，这里只是介绍了其中的一种修改方法，同学们课后可以想想还可以怎样修改，程序也能完成相加功能。

四、上机实验

1. 从文本框输入姓名，用MsgBox输出问候语。用户界面和输出方式如图3-16和图3-17所示。

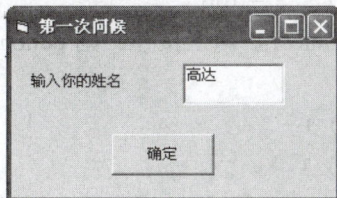

图 3-16　上机实验 1 用户界面　　　　图 3-17　上机实验 1 运行结果

2. 编写程序，在文本框中输入任意两个整数，单击"命令"按钮，分别进行加法运算和字符串连接，结果显示在标签上，运行界面如图3-18所示（提示：输出结果包含多行，可在换行之间字符前用回车符（Chr(13)）、换行符（Chr(10)）来分隔，如 Label4.Caption =" 第一个数为："+"，"+ text1 +"第二个数为："+ text1 + Chr(13) + Chr(10) +" 和为："+str(sum)）。

3. 在一个文本框中输入 65 至 90 之间的任意整数，显示出其相应的小写英文字母。运行界面如图3-19所示。

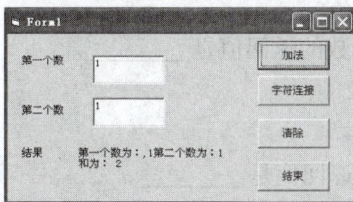

图 3-18　上机实验 2 运行结果　　　　图 3-19　上机实验 3 运行结果

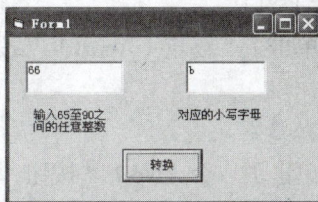

4. 在程序中自定义常量 pi，使用常量 pi 和函数来求角度的余弦值，输入和输出用 InputBox、MsgBox 和 Text 文本框 3 种方法实现。

5. 编写程序，从一个文本框中输入文字，单击命令按钮分别改变文本框中的字体，颜色和字体大小。运行结果如图3-20所示。

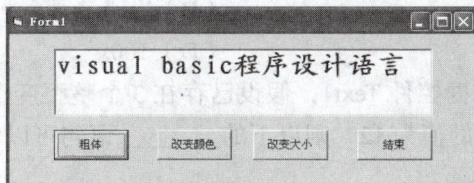

图 3-20　上机实验 5 运行结果

3.2 习　　题

一、选择题

1. 下列赋值语句中_____是错误的。

（A）x = x + 1　　　　　　　　　（B）x = x + y

（C）x + y = x　　　　　　　　　（D）x = 4 > 6

2. 下列赋值语句中_____是正确的。

（A）x! = "abc"　　　　　　　　　（B）a% = "10 e "

（C）x + 1 = 5　　　　　　　　　（D）s $ = 100

3. 若在消息框中显示 " 确定（Ok）" 和 " 取消（Cancel）" 两个按钮，则 buttons 参数的设置值是_____。

（A）0　　　　　　　　　　　　　（B）1

（C）2　　　　　　　　　　　　　（D）3

4. 若在消息框中显示 "是（Yes）" 和 "否（No）" 两个按钮，则 buttons 参数的设置值是_____。

（A）2　　　　　　　　　　　　　（B）3

（C）4　　　　　　　　　　　　　（D）5

5. 若要改变窗体中显示文本的颜色，可以设置_____属性来实现。

（A）Caption　　　　　　　　　　（B）BackColor

（C）ForeColor　　　　　　　　　（D）Font

6. 若在消息框中选择第二个按钮为默认值，则 buttons 参数的设置值是_____。

（A）0　　　　　　　　　　　　　（B）256

（C）512　　　　　　　　　　　　（D）768

7. 若单击了 " 终止（Abort）" 按钮，则 MsgBox 函数的返回值是_____。

（A）1　　　　　　　　　　　　　（B）2

（C）3　　　　　　　　　　　　　（D）4

8. 若单击了 " 否（No）" 按钮，则 MsgBox 函数的返回值是_____。

（A）4　　　　　　　　　　　　　（B）5

（C）6　　　　　　　　　　　　　（D）7

9. 窗体标题栏的显示内容由窗体的_____属性决定。

（A）Name　　　　　　　　　　　（B）Caption

（C）BackColor　　　　　　　　　（D）Enabled

10. 语句 Print " 5*20 " 输出结果是_____。

（A）"5*20"　　　　　　　　　　（B）出错

（C）5*20　　　　　　　　　　　（D）100

11. 窗体上有一个文本框控件 Text1，假设已存在 3 个整型变量 a，b 和 c，且变量 a 值为 5，变量 b 的值为 7，变量 c 的值为 12，则以下的_____语句可以使文本框内显示的内容为：5 + 7 = 12

（A）Text1.Text = a + b = c

（B）Text1.Text = "a + b = c"

（C）Text1 = a & "+" & b & "=" & c

（D）Text1 = "a" & "+" & "b" & "=" & "c"

12. 分析程序

```
Private Sub Form_Click()
    Dim x As String * 5
    x = "abc"
    y% = 1
    Print x & y
    x = "abcdefg"
    Print x & y
End Sub
```

单击窗体，显示结果的第 1 行为_____，第 2 行为_____。

（A）abc

（B）abc　1

（C）abcdefg　1

（D）abcde　1

13. 标签控件的标题和文本框控件的显示文本的对齐方式由_____属性来决定。

（A）WordWrap

（B）AutoSize

（C）Alignment

（D）Style

14. 将命令按钮 Command1 设置为窗体的取消按钮，可修改该控件的_____属性。

（A）Enabled

（B）Value

（C）Default

（D）Cancel

15. 将焦点主动设置到指定的控件或窗体上，应采用_____方法。

（A）SetDate

（B）SetFocus

（C）SetText

（D）GetGata

16. 按 Tab 键时，焦点在各个控件之间移动的顺序是由_____属性来决定的。

（A）Index

（B）TabIndex

（C）TabStop

（D）SetFocus

17. 下列_____属性用来表示各对象（控件）的位置。

（A）Text

（B）Caption

（C）Left

（D）Name

18. 当文本框的_____属性设置为 True 时，在运行时文本框不能编辑。

（A）Enabled

（B）Locked

（C）Visible

（D）MultiLine

19. 要使文本框显示滚动条，除了设置 ScrollBars 属性外还必须设置_____属性。

（A）AutoSize

（B）MultiLine

（C）Alignment

（D）Visible

20. 文本框中选定的内容，由下列_____属性来反映。

（A）SelText

（B）SelLength

（C）Text

（D）Caption

21. 决定窗体标题栏显示内容的属性是_____。

（A）Text

（B）Caption

（C）Name （D）Backstyle

22．要使文本框中显示密码符，必须首先设置_____属性。

（A）Text （B）Multiline

（C）PasswordChar （D）Enabled

23．为了使文本框同时具有水平和垂直滚动条，应先把 Multillne 属性设置为 True，然后再把 ScrollBars 属性设置为_____。

（A）0 （B）1

（C）2 （D）3

24．使文本框获得焦点的方法是_____。

（A）Change （B）GotFocus

（C）SetFocus （D）LostFocus

25．在标签框上显示的内容由_____属性来实现。

（A）Name （B）Caption

（C）Text （D）ForeColor

26．要使标题在标签框内居中显示，Alignment 属性的取值应为_____。

（A）0 （B）1

（C）2 （D）3

27．若使标签框根据所显示内容自动调整其大小，则可以通过设置_____属性值为 True 来实现。

（A）AutoSize （B）Alignment

（C）Enabled （D）Visible

28．要设置标签框是否有边框，应设置_____属性来实现。

（A）BackColor （B）ForeColor

（C）BordeStyle （D）Visible

29．文本框没有_____属性。

（A）BackColor （B）Enabled

（C）Visible （D）Caption

30．若设置或返回文本框中的文本，则可以通过_____属性来实现。

（A）Caption （B）Text

（C）Name （D）Visible

31．若设置文本框最多可以接受的字符数，则可以使用_____属性。

（A）Length （B）Multiline

（C）Max （D）MaxLength

32．在文本框中设置垂直滚动条，要使 ScrollBars 的值为_____。

（A）0 （B）1

（C）2 （D）3

二、填空题

1．赋值语句的作用是_____。

2．设变量 r 表示圆的半径，则计算圆的面积并赋给变量 r 使用的赋值语句为_____。

3．给命令按钮 Command1 的 Caption 属性赋予字符串 " 开始 " 使用的赋值语句为_____。

4. 在文本框 Text1 上显示 " 您好 " 使用的赋值语句为_____。

5. 若使用赋值语句给对象的属性赋值时缺少对象名，则系统默认的对象为_____。

6. 在 VB 中，用于产生输入对话框的是_____函数，该函数的返回值类型是_____型。若使用该函数接收数值型数据，则可使用_____函数对其返回值进行转换。

7. 若使用输入对话框输入姓名，并要求提示信息为 " 请输入姓名： "，标题为 " 输入姓名 " 和把输入的姓名存放到字符串变量 str 中，则使用的赋值语句为_____。

8. 窗体的 Name 属性只能在_____设置。

9. 在 VB 中，用于产生消息框的是_____函数，该函数返回的值为_____型值。

10. 在程序中设置标签 Lebel1 上的字为斜体字使用的语句为_____。

11. 若使用消息框显示提示信息 " 退出本系统？ "，并显示 " 是（Yes） " 和 " 否（No） " 两个按钮，显示图标 " ？ " 号，指定第一个按钮为默认值以及标题为 " 提示信息 "，则使用的 MsgBox 函数为_____。

12. 若在消息框中只显示简单的提示信息不返回值，则可以使用_____语句。

13. End 语句的作用是_____。

14. 注释语句是一个_____语句，对程序的执行结果没有任何影响，它的作用是_____。

15. Stop 语句的作用是_____。

16. 在 Print 方法中，若用逗号分隔，则按_____格式输出各表达式的值，若用分号分隔，则按_____格式输出各表达式的值。

17. Left 和 Top 两个属性用来指定_____位置。

18. 在程序中设置窗体 Forml 的 Caption 属性为 " 主窗体 " 使用的赋值语句是_____。

19. 在程序中设置命令按钮 Command1 的字体属性为黑体使用的语句为_____。

20. 在程序中设置文本框 Text1 的字体大小为 20 点使用的语句为_____。

21. 在程序中设置命令按钮 Command1 上的字为粗体字使用的语句为_____。

22. 在程序中设置文本框 Text1 的字体大小为 20 点使用的语句为_____。

23. 在程序中设置命令按钮 Command1 上的字为粗体字使用的语句为_____。

24. 在程序中设置标签 Lebel1 上的字为斜体字使用的语句为_____。

25. 设置文本内容是否加中划线的属性 FontStrikethru 的默认值为_____。

26. 在程序中设置当前窗体的文本内容加下划线使用的语句为_____。

27. 在窗体 Form1 中坐标为（1600，800）的位置上输出字符串 " Visual Basic 6.0 " 使用的语句为_____、_____和_____。

28. 打印机对象的对象名为 Printer，若要打印机打印文本数据使用_____方法来实现。

29. 在程序执行中要输出 " Visual Basic 6.0 " 使用的语句为_____。

30. 标签框的作用是_____，文本框的作用是_____。

31. 要使标签框有边框，需设置 BorderStyle 属性的值为_____。

32. 在程序运行期间，用户可以向文本框输入内容，输入的内容自动存入文本框的_____。

33. 若使文本框内能够接受多行文本，则要设置 Multiline 属性的值为_____。

三、写出下列程序运行结果

1.
```
Private Sub Form_Click()
    Print -2 * 3 / 2, "Visual " & "Basic", Not 5 > 3, 0.75
    Print -2 * 3 / 2; "Visual " & "Basic"; Not 5 > 3; 0.75
```

```
        x = 12.34
        Print "x=";
        Print x
    End Sub
2.  Private Sub Form_Click()
        Print Tab(10); -100; Tab(20); 200; Tab(30); -300
        Print Spc(5); -100; Spc(5); 200; Spc(5); -300
    End Sub
3.  Private Sub Form_Click()
        Print "12345678901234567890"
        x = 1: y = 2
        Print 1; 2; -3; -4
        Print 1, -2; -3;
        Print 4;
        Print
        Print "x" + "+" + "y" + "=" + "x+y"
        Print Tab(2); x; Tab(5); y; Space(3); x + y
        Print Str(x) + "+" + Str(y) + "=" + Str(x + y)
    End Sub
```

第4章
选择结构程序设计

4.1 实　　验

一、实验目的

1. 了解算法的概念和算法的描述。
2. 掌握选择结构的格式及执行过程。
3. 正确理解选择结构的嵌套。

二、知识介绍

1. 算法概述。所谓算法，是对特定问题求解步骤的一种描述，它是指令的有限序列，其中每个指令表示一个或多个操作。数据结构和算法构成计算机程序。

2. 流程图是用一些图框、流程线以及文字说明来表示算法。用图来表示算法，直观、形象、容易理解。常用的有传统流程图、结构化流程图和 N-S 流程图。

3. 单分支结构语句，书写格式有两种：单行结构和块结构。

（1）"单行结构"格式：

If <条件表达式> Then <语句序列>

（2）"块结构"格式：

If <条件表达式> Then
　　<语句序列>
End If

功能：首先计算<条件表达式>的值，然后对其值进行判断，若其值为真 True，则顺序执行<语句序列>；若其值为假 False，则跳过<语句序列>（即不执行<语句序列>），执行 EndIf 语句下面的语句。

4. 双分支结构语句，书写格式也有两种：单行结构和块结构。

① 单行结构：

If <条件表达式> Then <语句序列 1> [Else <语句序列 2>]

② 块结构：

If <条件表达式> Then
　<语句序列 1>

```
    [Else
        <语句序列 2>]
    End If
```

功能：先计算＜条件表达式＞，然后对其值进行判断，若其值为真，则顺序执行＜语句序列1＞，然后执行 EndIf 语句下面的语句；若其值为假，则顺序执行＜语句序列2＞，然后执行 EndIf 语句下面的语句。

5. 多分支语句有两种：If...Then...ElseIf 语句和 Select Case 语句。

① If...Then...ElseIf 语句格式：

```
    IF <条件表达式 1> Then
        <语句序列 1>
    [ElseIf <条件表达式 2 > Then
        <语句序列 2>]
        ...
    [ElseIf 条件表达式 n Then
        <语句序列 n>]
    [Else
        <语句序列 n+1>]
    End If
```

功能：依次判断多个条件表达式，选择执行第一个逻辑值为真的＜条件表达式＞所对应的语句序列。

② Select Case 语句格式：

```
Select Case 测试表达式
    Case 表达式列表 1
        语句序列 1
    Case 表达式列表 2
        语句序列 2
        ...
    Case 表达式列表 n
        语句序列 n
    [Case Else
        语句序列 n+1]
    End Select
```

功能：根据测试表达式的值，依次与表达式列表 1 到表达式列表 n 所描述的"域值"范围进行比较，如果与表达式列表 i 的"域值"范围相匹配，则选择执行语句序列 i（i 为 1 到 n 之间的整数），然后到 End Case 后下一条语句去。

三、实验示例

【例 4-1】编程完成符号函数的功能。即：$y = \begin{cases} 1 & x > 0 \\ 0 & x = 0 \\ -1 & x < 0 \end{cases}$

方法一：用单分支结构实现，代码如下：

```
Private Sub Form_Click()
    x = Val(InputBox("enter x:"))
```

```
    If x > 0 Then y = 1
    If x = 0 Then y = 0
    If x < 0 Then y = -1
    MsgBox "x=" & x & ":::" & "y=" & y
End Sub
```

方法二：用多分支结构实现，代码如下：

```
Private Sub Form_Click()
    x = Val(InputBox("enter x:"))
    If x > 0 Then
        y = 1
    ElseIf x = 0 Then
        y = 0
    Else
        y = -1
    End If
    MsgBox "x=" & x & ":::" & "y=" & y
End Sub
```

方法三：用选择结构的嵌套实现，代码如下：

```
Private Sub Form_Click()
    x = Val(InputBox("enter x:"))
    If x > 0 Then
        y = 1
    Else
        If x = 0 Then
            y = 0
        Else
            y = -1
        End If
    End If
    MsgBox "x=" & x & ":::" & "y=" & y
End Sub
```

【例 4-2】编程，在文本框中输入任意个字符，按回车键统计字母、数字和其他字符的个数，其输入界面和结果如图 4-1 所示。

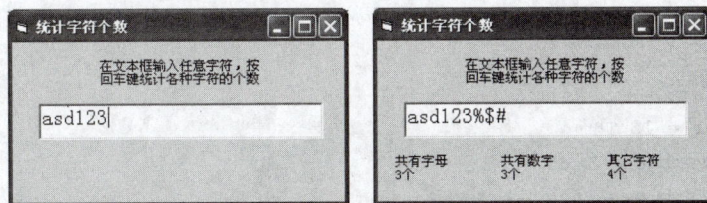

图 4-1　例 4-2 的输入界面和结果

分析：要按回车键统计字母、数字和其他字符的个数，我们知道文本框有一 KeyPress 事件。该事件是按下与 ASCII 字符对应的键时触发。ASCII 字符集不仅代表标准键盘的字母、数字和标点符号，而且也代表大多数控制键。因此，可以使用该事件。

1. 创建用户界面。根据题意，需创建 4 个标签，1 个文本框，如图 4-2 所示。

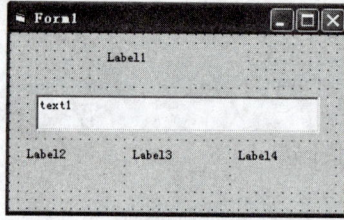

图 4-2　例 4-2 用户界面设计

2. 设置对象属性，如表 4-1 所示。

表 4-1　　　　　　　　　　　设置对象属性

控 件 名	属 性 名	属 性 值
Form1	Caption	统计字符个数
Label1	Caption	在文本框中输入任意字符，按回车键统计各种字符的个数
Text1	Font	宋体、四号
	Text	" "

3. 代码设计。由于要求其运行界面中显示结果的 3 个标签在输入时不可见，因此一种方法是在设计时在属性窗口设置，另一种方法是在程序运行过程中设置。在这里我们用后一种方式来实现。

```
Private Sub Form_Load()
    Label2.Visible = False
    Label3.Visible = False
    Label4.Visible = False
End Sub
```

而 Text1_KeyPress 代码如下：

```
Private Sub Text1_KeyPress(KeyAscii As Integer)
    Select Case Chr(KeyAscii)
      Case "a" To "z", "A" To "Z"
          x = x + 1
      Case "0" To "9"
          y = y + 1
       Case Else
        z = z + 1
       End Select
    If KeyAscii = 13 Then
      Label2.Visible = True
      Label3.Visible = True
      Label4.Visible = True
      Label2.Caption = "共有字母" & Chr(13) & Chr(10) & x & "个"
      Label3.Caption = "共有数字" & Chr(13) & Chr(10) & y & "个"
      Label4.Caption = "其他字符" & Chr(13) & Chr(10) & z & "个"
    End If
End Sub
```

最后要强调的是，在代码窗口的通用声明处加上一条语句：

```
Dim x, y, z
```

该语句的目的是把变量 x，y，z 定义成窗体级变量，以便把上次的运行结果加以保留。原因是 Text1_KeyPress 事件中每按一次键都执行一次，如果不把 x、y、z 定义成窗体级变量，那么最后的结果只是统计了最后一次按的回车键，也就是 z 等于 1。

4. 运行程序，其结果如前面所述。

【例 4-3】从键盘输入三角形三边的值，判断是否能构成三角形，如果是，计算三角形面积，并在图片框（Picture1）输出；如果不是，显示错误信息，程序运行结果如图 4-3 所示。

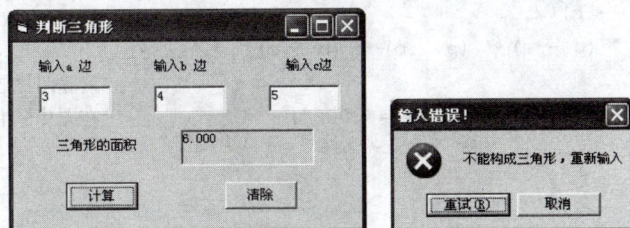

图 4-3　例 4-3 程序运行结果

1. 创建用户界面。根据题意，创建所需对象。
2. 设置对象属性，如表 4-2 所示。

表 4-2　　　　　　　　　　　　设置对象属性

控 件 名	属 性 名	属 性 值
Form1	Caption	判断三角形
Command1	Caption	计算
Command2	Caption	清除
Label1	Caption	输入 a 边值
Label2	Caption	输入 b 边值
Label3	Caption	输入 c 边值
Label4	Caption	三角形的面积
Text1	Text	""
Text2	Text	""
Text3	Text	""

3. 编写代码。

```
Private Sub command1_click()
    Dim a, b, c, s, p
    '判断是否是数字
    If Not IsNumeric(Text1.Text) Or Not IsNumeric(Text2.Text)
    Or Not IsNumeric(Text3.Text) Then
        MsgBox "无效数字，重新输入", 21, "输入错误！"
        Text1.Text = ""
        Text2.Text = ""
        Text3.Text = ""
```

```
        Else
            a = Val(Text1)
            b = Val(Text2)
            c = Val(Text3)
            If (a + b) <= c Or (a + c) <= b Or (b + c) <= a Then
                MsgBox "不能构成三角形，重新输入 ", 21, "输入错误！"
                Text1.Text = ""
                Text2.Text = ""
                Text3.Text = ""
            Else
                p = (a + b + c) / 2
                s = Sqr(p * (p - a) * (p - b) * (p - c))
                Picture1.Cls                               ' 清除图片框中的内容
                Picture1.Print Format(s, "####.000")       ' 在图片框中显示面积
            End If
        End If
End Sub
Private Sub Command2_Click()
    Text1.Text = ""
    Text2.Text = ""
    Text3.Text = ""
    Picture1.Cls
    Text1.SetFocus
End Sub
```

4. 运行略。

【例 4-4】编写一个可进行加减乘除运算的简单运算器，要求输入的操作数和运算符不符合要求时会弹出对话框提示出错，并清除错误信息，程序运行结果如图 4-4 所示。

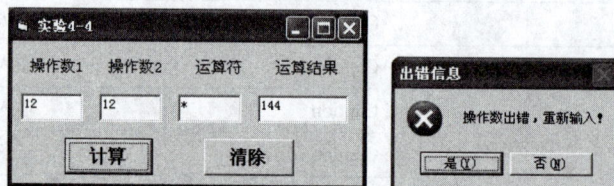

图 4-4　例 4-4 程序运行结果

1. 创建用户界面。根据题意，创建所需对象。
2. 设置对象属性，如表 4-3 所示。

表 4-3　　　　　　　　　　　　　　设置对象属性

控 件 名	属 性 名	属 性 值
Form1	Caption	实验 4-4
Command1	Caption	计算
Command2	Caption	清除
Label1	Caption	操作数 1
Label2	Caption	操作数 2

续表

控 件 名	属 性 名	属 性 值
Label3	Caption	运算符
Label4	Caption	运算结果
Text1	Text	""
Text2	Text	""
Text3	Text	""
Text4	Text	""

3. 编写代码。

```vb
Private Sub Command1_Click()    '计算功能
    st = Text3.Text
    x = Text1.Text
    y = Text2.Text
    If Not IsNumeric(Text1.Text) Then
        zz = MsgBox("操作数出错，重新输入！", 20, "出错信息")
        Text1 = ""
    Else
        x = Text1
        If Not IsNumeric(Text2.Text) Then
            zz = MsgBox("操作数出错，重新输入！", 20, "出错信息")
            Text2 = ""
        Else
            y = Text2
            Select Case st
                Case "+"
                    z = Val(x) + Val(y)
                Case "-"
                    z = x - y
                Case "*"
                    z = x * y
                Case "/"
                    If y <> 0 Then
                        z = x / y
                    Else
                        z = "除数为0，无解"
                    End If
                Case Else
                    MsgBox "运算符出错，重新输入！", 20, "出错信息"
                    Text3.Text = ""
                    Text3.SetFocus
            End Select
            Text4.Text = z
        End If
    End If
End Sub
```

```
Private Sub command2_click()    '清除功能
    Text1.Text = ""
    Text2.Text = ""
    Text3.Text = ""
    Text4.Text = ""
    Text1.SetFocus
End Sub
```

【例 4-5】 在第 3 章中介绍了文本框的一些事件，在这里，我们想通过阅读下列程序理解文本框的一些常用事件。

（1）LostFocus 事件，VB 中的 LostFocus 事件是当对象失去焦点时触发的事件。

```
Private Sub Text1_LostFocus()
    If Not IsNumeric(Text1) Then
        MsgBox "输入出错", 53, "重新输入"
        Text1 = ""
        Label1.Caption = ""
        Text1.SetFocus
    Else
        AA = Val(Text1.Text)
        Label1.Caption = AA
    End If
End Sub
```

该程序运行时，在文本框内输入数据的时候并不发生，只有当文本框失去焦点时才触发。如图 4-5 所示，输入完后单击命令按钮，文本框失去焦点，首先判断文本框内输入的是否是数字，如果不是，清空文本框和标签的显示内容，文本框再次获得焦点，以便再次输入，如果是数字，则把数据在标签上输出。

（2）Text1_KeyPress () 事件，当在文本框中按任一键时触发。其基本语法如下：

Sub Text_KeyPress(KeyAscii As Integer) 其 中：KeyAscii 为按键对应的一个键码。

图 4-5　LostFocus 事件

这样本例就可以用该事件来完成，这个事件是通过按回车键来判断是否是数字。

```
Private Sub Text1_KeyPress(KeyAscii As Integer)
    If KeyAscii = 13 Then
        If IsNumeric(Text1) Then
        AA = Val(Text1.Text)
        Label1 = AA
    Else
        MsgBox "输入出错", 53, "重新输入"
        Text1 = ""
        Text1.SetFocus
        Label1 = ""
    End If
    End If
End Sub
```

（3）Change() 事件，当文本框内容改变时，即 Change 时，触发该事件。阅读下列程序：

```
Private Sub Text1_Change()
    Print Text1.Text
End Sub
```

运行上述程序，如图 4-6 所示，在文本框中输入 abcd，输出结果如图 4-6 所示，说明每输入一个字符都触发 Change() 事件，所以共有 4 个输出结果。

程序代码中对文本框 text 属性进行赋值不能触发文本框的 Change() 事件，因为设计阶段不会触发事件。

图 4-6　Change() 事件

【例 4-6】编程，单击窗体运行程序，程序显示"数据检查"对话框，选择其中的按钮，会弹出"操作对话框"，选择按钮，则在窗体上输出你的选择。

运行程序分别显示的对话框如图 4-7 和图 4-8 所示。

图 4-7　程序运行时的对话框

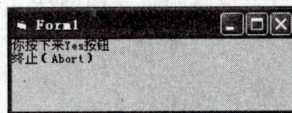

图 4-8　单击按钮窗体的显示内容

程序代码如下：

```
Private Sub Form_Click()
    Cls
    Msgtitle$ = "数据检查"
    Msg$ = "数据正确吗？"
    Button = 3 + 48 + 0
    a = MsgBox(Msg$, Button, Msgtitle$)
    If a = 6 Then
      Print "你按下来 Yes 按钮"
    Else
      If a = 2 Then
        Print "你按下了 Cancel 按钮"
      Else
        Print "你按下了 No 按钮"
      End If
    End If
    b = MsgBox("继续", vbAbortRetryIgnore + vbQuestion + vbDefaultButton1, "操作对话框")
    If b = 4 Then
      Print "重试（Retry）"
    Else
      If b = 3 Then
        Print "终止（Abort）"
      Else
        Print "忽略（Ignore）"
      End If
```

```
      End If
End Sub
```

【例4-7】程序调试，如图4-9所示。为了修正程序中发生的错误，要对程序的运行过程进行控制，通常可在程序的某一点上设置暂停，使程序处于中断模式，以便调用调试工具找出错误；也可对程序进行逐语句、逐过程的跟踪，查看程序的执行顺序，以便找到发生错误的语句行。

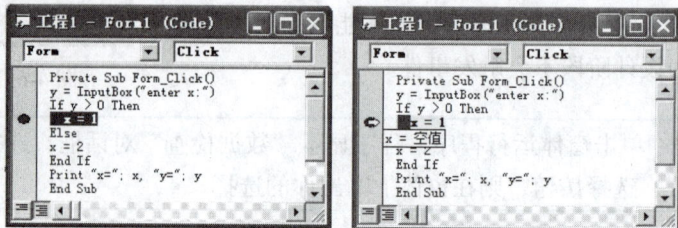

图4-9 设置断点

（1）设置断点（BreakPoint）。断点通常设置在程序需要暂停执行的地方。利用断点，可以对程序一部分一部分地进行测试；或者通过断点使运行的程序在关键的地方停止，从而观察程序的执行情况。

设置断点可在设计阶段或中断模式下进行，通常有以下4种方法。

① 在代码窗口中把光标移到希望中断的语句上，然后执行【调试】菜单中的【切换断点】命令，或直接按F9键，即可把光标所在的行设置为断点。被设置为断点的语句行的字符变粗并反向显示。

② 在代码窗口的左边有一个灰色区域，称为边界标识条，如图4-9所示。当鼠标光标位于该区域中，鼠标光标变成右指箭头，此时单击某个程序行，即可把该行设置为断点。

③ 在代码窗口中在要设置断点的程序行上单击鼠标右键，弹出一个菜单，把鼠标光标移到【切换】命令上，显示下一级菜单，然后单击【断点】命令，即把该行设置为断点。

④ 在程序代码窗口中把光标移到希望中断的语句上，然后单击"调试"工具条上的"切换断点"按钮，即把该行设置为断点。

当程序运行，输入一个正数，执行到中断点时，断点语句以黄色背景显示，并在边界标识条中显示一个右指箭头，如图4-9所示，此时如果把鼠标光标移到某个变量上，即可显示出该变量的值。

（2）使用Stop语句。可以把Stop语句加到程序中需要暂停执行的地方，当执行到该语句后，程序将停止运行，进入中断模式，此时如果把鼠标光标移到某个变量上，即可显示出该变量的值。

（3）程序跟踪。利用断点，只能粗略地查出错误发生在程序的某一部分，而用程序跟踪则可以逐语句跟踪检查相关变量、属性和表达式的值是否在预期的范围内。

VB提供了4种跟踪方式，即单步执行、过程单步执行、运行到光标处和跳跃执行，这些方式都只能在中断模式下使用。

① 单步执行（Single Stepping）。单步执行就是每次只执行一行语句，然后根据输出的结果来判断执行的语句是否正确，可以用以下3种方式来实现单步执行：

● 执行【调试】菜单中的【逐语句】命令；
● 按功能键F8；
● 单击"调试"工具条上的"逐语句"按钮。

单步执行开始后，程序即进入执行模式，执行完一条语句后，切换到中断模式，并把下一条语句作为"待执行语句"，待执行语句反向显示；如果发现程序有错误，则可以立即进行修改；若把鼠标光标移到某个变量上，可以查看该变量当前的值。

② 过程单步（Procedure Step）。其执行方式与单步执行基本相同，只是把被调用的过程作为一条语句，一次执行完毕。如果确信某个过程不会有错误，则没有必要单步执行过程中的每个语句，在这种情况下，可以使用过程单步。也可以用以下 3 种方式来实现过程单步：

- 执行【调试】菜单中的【逐过程】命令；
- 按 Shift+F8 组合键；
- 单击"调试"工具条上的"逐过程"按钮。

③ 运行到光标处。在设计阶段，可以把光标移到代码的某一行，然后执行【调试】菜单中的【运行到光标处】命令（或按 Ctrl + F8 组合键），程序将会在运行到光标所在行时停止运行，并在边界标识条中显示相应的标记。

④ 跳跃执行。单步执行只能按语句顺序逐条执行，过程单步只能按顺序一次执行一个过程。如果想暂时避开程序的某一部分，调试其他部分，或者在对程序进行修改之后再回过来执行，则必须通过跳跃执行来实现。跳跃执行在中断模式下设置，方法如下：

- 执行程序，进入中断模式，边界标识条中有一个箭头，指向下一个要执行的语句；
- 选择下一个要执行的语句；
- 执行【调试】菜单中的【设置下一条语句】命令（或按 Ctrl + F9 组合键），即可把某行设置为开始执行行，边界标识条中的箭头移到这一行，也可通过按住鼠标左键拖动边界标识条中的箭头来设置下一个开始选择的语句。

设置开始执行行后，再继续执行程序时，将从该行开始执行，在原来执行点和新执行点之间的语句将被忽略。

四、上机实验

1. 用户输入年份和月份，程序能够判断其是否是闰年，是哪个季节，这个月多少天。程序运行结果如图 4-10 所示。

2. 输入三角形三边的值，判断其能否构成三角形，如果是，则判断是等边三角形、等腰直角三角形、等腰三角形、直角三角形、一般三角形中的哪一种。

3. 某航空公司规定：在旅游旺季 7 月～ 9 月，如果订票超过 20（含 20）张，优惠票价的 15%；订票 20 张以下优惠票价的 5%。在旅游淡季 1 月～ 4 月、11 月、12 月，如果订票超过 20（含 20）张，优惠票价的 30%；订票 20 张以下优惠票价的 20%。其他情况一律优惠 10%。编程计算优惠后的单价和总金额。程序运行结果如图 4-11 所示。

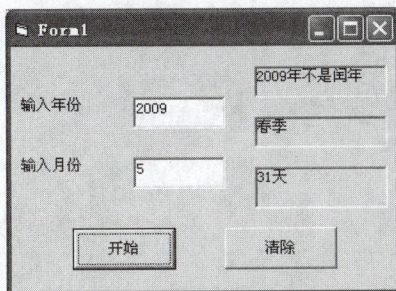

图 4-10　上机实验 1 运行结果　　　　图 4-11　上机实验 3 运行结果

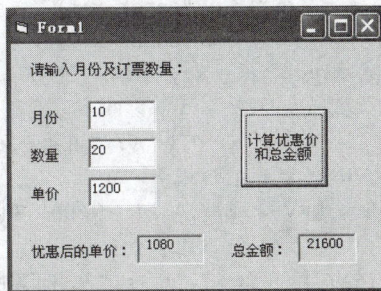

4. 计算分段函数的值。

$$y = \begin{cases} 0 & x < 0 \\ 1 & 0 \leqslant x < 1 \\ 2 & 1 \leqslant x < 2 \\ 3 & x \geqslant 2 \end{cases}$$

5. 设计一个简单的加减计算器，输入两个数，首先判断是否是数字，如果不是数字，显示错误信息，要求重新输入，然后选择输入运算符，如果不是"+"或"−"，显示错误信息，同样要求重新输入，其运行结果显示在一个文本框中。程序运行结果如图 4-12 所示。

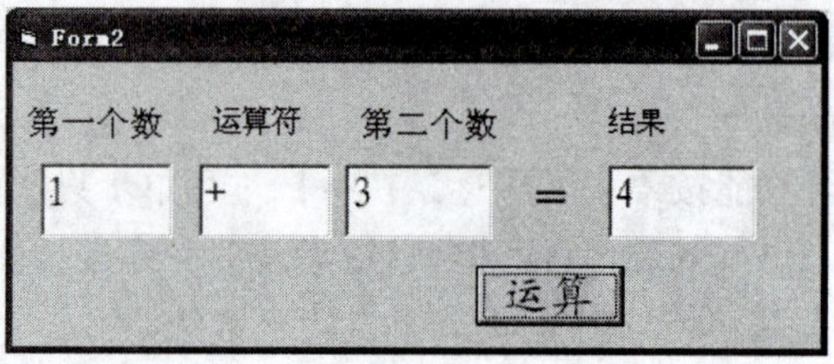

图 4-12　上机实验 5 运行结果

6. 已知坐标（x，y），判断其落在哪个象限，下列有两种方法，分析哪种方法正确？哪种有错？错在哪里？

方法一：

```
Private Sub Command1_Click()
    x = InputBox("enter x:")
    y = InputBox("enter x:")
    If x > 0 And y > 0 Then
        Print x; ","; y; " 在第一象限"
    ElseIf x < 0 And y > 0 Then
        Print x; ","; y; " 在第二象限"
    ElseIf x < 0 And y < 0 Then
        Print x; ","; y; " 在第三象限"
    ElseIf x > 0 And y < 0 Then
        Print x; ","; y; " 在第四象限"
    End If
End Sub
```

方法二：

```
Private Sub Command1_Click()
    x = InputBox("enter x:")
    y = InputBox("enter x:")
    Select Case x,y
    Case x > 0 And y > 0
        Print x; ","; y; " 在第一象限"
    Case x < 0 And y > 0
        Print x; ","; y; " 在第二象限"
    Case x < 0 And y < 0
        Print x; ","; y; " 在第三象限"
    Else
```

```
    Print x; ","; y; "在第四象限"
    End Select
End Sub
```

4.2 习　　题

一、选择题

1. 以下不正确的单行结构条件语句是_____。

（A）If x>y   Then   Print " x>y "

（B）If   x   Then   t=t*x

（C）If   x Mod 3=2   Then Print   x

（D）If   x<0   Then y=2*x−1: Print x   End If

2. 给定程序段

```
Dim a As Integer, b As Integer, c As Integer
a=1: b=2: c=3
If a=c-b  Then  Print " ##### "  Else  Print  " ***** "
```

以上程序_____。

（A）没有输出 　　　　　　　　（B）有语法错

（C）输出 #####　　　　　　　　（D）输出 *****

3. 运行下面程序后，在弹出的消息窗口中显示的是_____。

```
Private Sub Form_Click()
  score=Int(Rnd)+5
  Select Case score
  Case 5
    a$="Good"
  Case 4
    a$="Ok"
  Case 3
   a$="Pass"
  Case Else
   a$="Bad"
  End Select
  MsgBox a$
  End Sub
```

（A）Bad　　　　　　　　　　（B）Pass

（C）Ok　　　　　　　　　　　（D）Good

4. 下面语句书写正确的是_____。

（A）If a>max Then max=a Else max=b End If

（B）If a>max Then max=a

　　Else max=b

　　End If

（C）If a>max Then

　　　max=a

```
        Else
            max=6
（D）If   a>max  Then
            max=a
        Else
            max=6
        End If
```

5. 执行下列程序段输出的结果为_____。

```
a=3
IF a>0 Then
   Print " ### "
Else
   Print " $$$ "
End If
```

（A）###$$$ （B）$$$###

（C）###   （D）$$$

6. 下面程序段运行后，显示的结果是_____。

```
Dim x
If x Then Print x Else Print x+1
```

（A）1   （B）0

（C）−1   （D）显示出错信息

7. 语句 If x = 1   Then y = 1，下列说法正确的是_____。

（A）x = 1 和 y = 1 均为赋值语句

（B）x = 1 和 y = 1 均为关系表达式

（C）x = 1 为关系表达式，y = 1 为赋值语句

（D）x = 1 为赋值语句，y = 1 为关系表达式

8. 用 If 语句表示分段函数，$f(x)=\begin{cases}\sqrt{x+1} & x\geq 1\\ x^2+3 & x<1\end{cases}$ 下列程序段不正确的是_____。

（A）`If x>=1 Then f=sqr(x+1)`   （B）`If x>=1 Then f=sqr(x+1)`

　　`F=x*x+3`   `If x<1 Then f=x*x+3`

（C）`F=x*x+3`   （D）`f=sqr(x+1)`

　　`If x>=1 Then f=sqr(x+1)`   `If x<1 Then f=x*x+3`

9. 下面 If 语句统计满足性别（sex）为男，职称（duty）为副教授以上，年龄（age）小于 40 岁条件的人数，不正确的语句是_____。

（A）`If sex="男" and age<40 and instr(duty,"教授")>0 Then n=n+1`

（B）`If sex="男" and age<40 and (duty="教授" or duty="副教授") Then n=n+1`

（C）`If sex="男" and age<40 and right(duty,2)="教授" Then n=n+1`

（D）`If sex="男" and age<40 and duty="教授" and duty="副教授" Then n=n+1`

10. 下面程序段求两个数中的大数，_____不正确。

（A）`Max=Iif(x>y,x,y)`

（B）`If x>y Then Max=x Else Max=y`

（C）`Max=x`

　　`If y>=x Then Max=y`

（D）IF y>=x Then Max=y

　　　　Max=x

二、填空题

1. 下面事件过程的功能是：输入 3 个整数 x、y 和 z，按从大到小顺序输出这 3 个数，在横线上填上适当内容。

```
Private Sub Command1_Click()
    Dim x!, y!, z!
    x = InputBox("x=")
    y = InputBox("y=")
    z = InputBox("z=")
    If  (1)  Then t = x: x = y: y = t
    If  (2)  Then t = x: x = z: z = t
    If   y<z  Then t = y: y = z: z = t
    Print x, y, z
End Sub
```

2. 下面事件过程的功能是：输入一个字符，若它是大写字母，则把它变成小写字母，若它是小写字母，则把它变成大写字母；若它是其他字符，则它的值不变，在横线上填上适当内容。

```
Private Sub Command1_Click()
    Dim ch As String * 1
    ch = InputBox("请输入一个字符：")
    If  (1)  Then
        ch = LCase(ch)
    Else If  (2)  Then
        ch = UCase(ch)
    Endif
    Print ch
End Sub
```

3. 单行结构条件语句必须在_____行内书写完。

4. 判别变量 I 是否为偶数，若为偶数就把它显示出来，使用的单行结构条件语句为_____。

5. 判别变量 x 是否大于 0，若大于 0，则累加到变量 s1 中，否则，累加到变量 s2 中，使用的单行结构条件语句为_____。

6. 给定分段函数 $y = \begin{cases} 2x+1 & x>0 \\ 0 & x=0 \\ 2x-1 & x<0 \end{cases}$，求 y 的值，使用的单行结构条件语句为_____。

7. 下面事件过程的功能是：输入 x 和 a 的值，按公式 $y = \begin{cases} \sqrt{a^2-x^2} & -a<x<a \\ 0 & x=a \text{或} x=-a \\ x-1 & x<-a \text{或} x>a \end{cases}$ 计算 y 的值，在横线上填上适当内容。

```
Private Sub Command1_Click()
    Dim x!, a%, y#
    x = InputBox("x=")
    a = InputBox("a=")
    If    (1)    Then
        y = 0
    Else
```

```
        If    (2)    Then
            y = Sqr(a * a - x * x)
        Else
            y = x - 1
        End If
    End If
    Print "y="; y
End Sub
```

8. 下面事件过程的功能是：输入年份和月份，输出该月有多少天，在横线上填上适当内容。

提示 每年的 1 月，3 月，5 月，7 月，8 月，10 月，12 月每月有 31 天；每年的 4 月，6 月，9 月，11 月，每月有 30 天；每年的 2 月份，闰年为 29 天，平年为 28 天。年份能被 4 整除，但不能被 100 整除或年份能被 400 整除的年份均为闰年，否则，为平年。

```
Private Sub Command1_Click()
    Dim year%, month%, days%
    year = InputBox("请输入年份：")
    month = InputBox("请输入月份：")
    Select Case    (1)
        Case 1, 3, 5, 7, 8, 10, 12
            days = 31
            (2)
        days = 30
        Case 2
            If    (3)    Then
                days = 29
            Else
                days = 28
            End If
    End Select
    Print year; "年"; month; "月有"; days; "天"
End Sub
```

9. 若 case 子句中的表达式表列为用逗号把若干个常数分隔开来，则它的含义是：

当测试表达式的值等于__①__时，执行该 case 子句相应的程序块。

若 case 子句中的表达式表列具有形式：表达式 1 To 表达式 2，则它的含义是当测试表达式的值等于__②__时，执行该 case 子句相应的程序块。

若 case 子句中的表达式表列具有形式：Is 关系运算符 表达式，则它的含义是当测试表达式的值满足__③__时，执行该 case 子句相应的程序块。

三、阅读下列程序，写出执行结果

```
1. Private Sub Command1_Click()
    Dim a%, b%, c%, s%, w%, t%
    a = -1: b = 3: c = 3
    s = 0: w = 0: t = 0
    If c > 0 Then s = a + b
    If a <= 0 Then
        If c <= 0 Then
```

```
        w = a - b
    End If
  Else
    If c > 0 Then w = a - b Else t = c
  End If
  c = a + b
  Print a, b, c
  Print s, w, t
End Sub
```

2. 当 x 的输入值分别为 2.5、8、4 和 15 时，写出下列事件过程输出结果。

```
Private Sub Command1_Click()
Dim x%, y%
x = InputBox("请输入 x 的值：")
Select Case x
  Case 1, 3, 5
    y = x *2
  Case 6 To 10
    y = x + 1
  Case 2, 4
    y = 3* x
  Case Is > 10
    y = x * x + 7
End Select
```

第5章
循环结构程序设计

5.1 实 验

一、实验目的

1. 掌握循环的基本概念。
2. 掌握 For 循环、Do 循环和 While 循环语句的结构及使用。
3. 掌握多重循环的条件设置及使用。
4. 掌握如何控制循环条件，防止死循环或不循环。
5. 掌握求解平均值、极值、不定方程、阶乘、最大公约数等常规数据处理方法。
6. 掌握穷举、迭代、递推等常用算法。

二、知识介绍

1. 什么是循环？为什么要使用循环结构？
（1）循环是指在指定条件下多次重复执行的一组语句。
（2）使用循环结构可以简化程序。
2. 构成循环的三要素是什么？
（1）进入循环的条件。
（2）循环体要实现的操作。
（3）结束循环的条件。
3. For...Next 循环的语句格式。

For 循环又称为计数型循环，用于循环次数预知的场合。其语句格式如下：

```
For 循环变量=初值 TO 终值 [ Step步长]
    <语句序列>
    [ Exit For]              循环体
Next 循环变量
```

4. Do 循环的语句格式。

Do 循环又称为条件型循环，用于循环次数未知的场合，但控制循环的条件或循环结束的条件容易给出，具有很强的灵活性。

其语句格式如下：

格式 1：
```
Do 【 While | Until <条件表达式>】
      <语句序列>
      [ Exit Do]        } 循环体
Loop
```

格式 2：
```
        Do
              <语句序列>
              [ Exit Do]        } 循环体
        Loop 【 While | Until <条件表达式>】
```

格式 1 为当型循环，其特点是先判断条件，后执行循环体，有可能一次也不执行循环。

格式 2 为直到型循环，其特点是先执行循环体后再判断条件，至少执行了一次循环。

5．While 循环的语句格式。

While 循环也称为当循环，也用于循环次数不确定，但控制条件可知的场合。

其语句格式如下：

```
While <条件表达式>
      <语句序列>
Wend
```

6．针对需要利用循环结构解决的具体问题，如何选择循环语句？

对于循环次数固定的问题首先选择 For 循环语句。对于循环次数不固定（未知）的问题，分清是哪一类问题：若是先判断条件，再执行循环体，则使用 Do…While 循环语句；若是先执行一次循环体后，才需要判断条件，则使用 Do...Loop While 循环语句。

While...Wend 语句与 Do While <条件>...Loop 实现的循环完全相同。不过在用 Do While <条件>...Loop 语句实现的循环结构中，可用 Exit Do 语句提前退出循环，而 While...Wend 语句中，没有这样的语句可以提前结束循环。

7．什么是多重循环？如何使用？

循环体内又出现循环结构称为循环嵌套或多重循环，用于较复杂的循环问题。前面介绍的几种基本循环结构都可以相互嵌套。多重循环的次数为每一重循环次数的乘积。

最常用的是双重循环，其语句格式如下：

```
For i=...
   For j=...
      <循环体语句>
   Next j
Next i
```

涉及图案打印的程序一般可由双层循环实现，外循环用来控制打印的行数，内循环用来控制打印的个数。

8．使用循环结构时常见的错误。

（1）不循环或死循环问题。

主要是在循环条件、初值、终值及步长设置上有问题。

例如：以下循环语句不执行循环体。

```
For i=10 To 20 Step -1        '步长为负，初值必须大于等于终值，才能循环
For i=20 To 10                '步长为正，初值必须小于等于终值，才能循环
Do While False                '循环条件永远不满足，不循环
```

（2）循环结构中缺少配对的结束语句。

For 语句缺少配对的 Next 语句；Do 语句缺少一个终结的 Loop 语句；While 语句缺少一个终结的 Wend 语句等。

（3）循环嵌套时，内外循环交叉或同名。

例如：以下的程序段都是错误的。

```
For j=1 To 5                        For i=1 To 5
  For k=2 To 8  '内外循环交叉           For i=2 To 8  '内外循环变量同名
    ...                                 ...
    Next j                              Next i
Next k                              Next i
```

循环若交叉，程序运行时会出错，弹出信息提示窗口，显示"无效的 Next 控制变量的引用"。因此，外循环必须完全包含内循环，不得交叉。

（4）循环结构与 If 块结构交叉。

例如：

```
For i=1 To 4
    If 表达式 Then
        ...
    Next i
End If
```

错误同（3），运行时也会出错，弹出信息提示窗口。正确的应该为 If 结构的语句块完全包含循环结构，或者循环结构完全包含 If 结构。

9. 循环中有哪些常用辅助语句？

（1）Exit 语句。

在 VB 中，有多种形式的 Exit 语句，用于退出某种控制结构的执行。如 Exit For、Exit Do、Exit Sub、Exit Function 等。

例如：
```
For I=1 to 100
    S=S+I
    If S>=4000 Then Exit For        '该语句通常在条件判断之后使用
    Next I
```

在执行上述程序时，若累加和 S 超过 4000，则程序从 For 循环提前退出，执行 Next 语句下面的语句。

（2）With 语句。

语句格式：

```
With 对象
    语句块
End With
```

用于对某个对象执行一系列语句，而不用重复指出该对象的名称。

（3）GoTo 语句。

语句格式：

```
GoTo< 标号 l 行号 >
```

GoTo 语句是无条件地转移到本过程中指定的行。在某些情况下，可以使用 GoTo 语句，但不提倡多用。

10. 循环常用算法。

（1）累加和连乘。

在循环结构中，最常用的算法就是累加和连乘。累加是在原有和的基础上一次一次地每次加一个数；连乘是在原有积的基础上一次一次地每次乘一个数。

存放累加和连乘结果的变量赋初值要注意：

● 如果是一重循环，存放累加、连乘结果的变量初值设置应在循环语句前。

● 如果是多重循环，存放累加、连乘结果的变量初值设置是放在外循环语句前还是内循环语句前，要视具体问题分别对待。

例如：求 1 ~ 100 中能被 3 整除的数之和，将结果放入 sum 变量中。如下程序段，输出结果如何？要得到正确结果，程序该如何修改？

```
Private Sub Form_Click()
    For i=3 To 100 Step 3
          sum=0
          sum=sum+i
    Next i
    Print sum
End sub
```

例如：期末有 20 位同学参加了 3 门课程的考试，求每个学生的 3 门课程的平均成绩。如下程序段能否实现，程序该如何修改？

```
aver=0
For i=1 To 20
  For j=1 To 3
    m=InputBox("请输入第" & j & "门课的成绩")
    aver=aver+m
  Next j
  aver=aver/3
  Print aver
Next i
```

（2）穷举法。

穷举法也称"枚举法"，是把命题中符合要求的各种情况一一进行组合并与命题要求逐个比较，找到符合条件的组合情况。

（3）求素数。

素数也称质数，是指一个大于 2 且只能被 1 和本身整除的整数。判别 M 是否为素数的方法有很多，最简单的是从素数的定义来求解。其算法思想是将 M 分别除以 2，3，…，$M-1$，若都不能整除，则 M 为素数。

（4）求最大值或最小值。

在若干个数中求最大值，一般先假设一个较小的数为最大值的初值，若无法估计较小的值，则取第一个数为最大值的初值，然后将每一个数与最大值比较，若该数大于最大值，则将该数替换为最大数，依次逐一比较。

（5）迭代。

迭代是反复用新值取代某个变量的旧值，或者由旧值推出变量新值的过程。

三、实验示例

【例 5-1】求两个整数的最大公约数。

1．分析。

求最大公约数的方法有很多，采用转展相除法的思想是：

（1）对于已知两数 m，n，使得 m>n；

（2）m 除以 n 得余数 r；

（3）若 r=0，则 n 为求得的最大公约数，算法结束，否则执行步骤（4）；

（4）若 r<>0，m ← n，n ← r，再重复执行步骤（2）。

流程图如图 5-1 所示。

2. 设计应用界面，如图 5-2 所示。

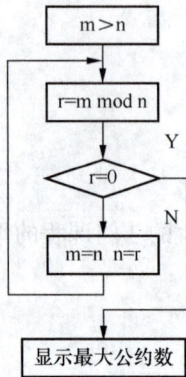

图 5-1 求最大公约数流程图

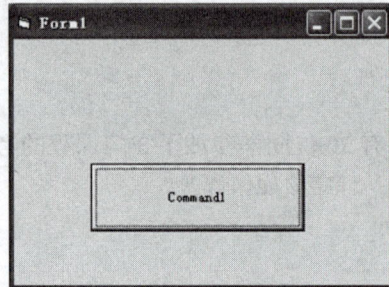

图 5-2 设计界面

3. 设置对象属性，如表 5-1 所示。

表 5-1 属性设置

控 件 名	属 性 名	属 性 值	说 明
Command1	Caption	求公约数	按钮的标题
Form1	Caption	求最大公约数	窗体的标题

4. 对象事件代码。

```
Private Sub Command1_Click()
    Dim m%, n%, t%, r
    m = InputBox("请输入第一个整数：")
    n = InputBox("请输入第二个整数：")
    If m < n Then t = m: m = n: n = t
    r=m Mod n
    Do Until r=0                        '或 DO While r<>0
        m=n
        n=r
        r=m Mod n
    Loop
    Print "最大公约数是："; n
End Sub
```

5. 运行结果如图 5-3 所示。

当 m、n 输入的值为 20、15 时，单击【求公约数】按钮后，窗体上显示最大公约数为 5。

【例 5-2】利用双重循环实现以下功能，计算 1+1/1!+1/2!+1/3!+…+1/10!。

1. 分析。

采用双重循环，其中内循环求出各项分母即某数的阶乘值，而外循环求出各项的累加和。

2. 设计应用界面，如图 5-4 所示。

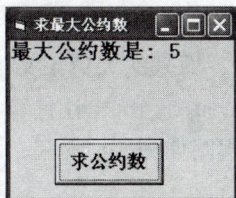

图 5-3　运行结果

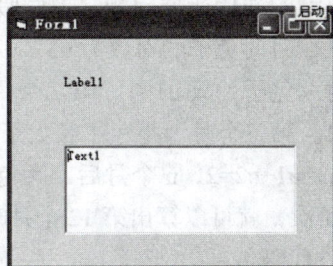

图 5-4　设计界面

3. 设置对象属性，如表 5-2 所示。

表 5-2　　　　　　　　　　　　属性设置

控 件 名	属 性 名	属 性 值	说　　明
Label1	Caption	1+1/1!+1/2!+1/3!+…+1/10!	标签的标题
Form	Caption	阶乘倒数之和	窗体的标题
Text1	Text		文本内容

4. 对象事件代码。

```
Private Sub Form_Click()
    Dim i As Integer, j As Integer
    Dim sum As Single          '因计算结果带小数
    Dim Fact As Long           '因 10 的阶乘大于 65535
    sum = 1                    '累加和的第一项值为 1
    For i = 1 To 10
    Fact = 1                   '阶乘的开始值为 1
    For j = 1 To i             '内循环用于计算 i 的阶乘, 并存于变量 Fact 中
      Fact = Fact * j
    Next j
    sum = sum + 1 / Fact       '进行累加
    Next i
    Text1.Text = sum           '把结果显示在文本框中
End Sub
```

5．运行结果如图 5-5 所示。

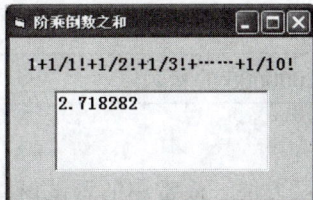

图 5-5　运行结果

【例 5-3】假定一对大兔子每月能生一对小兔子，而小兔子过一个月就长大了可以开始生小兔子，问在一年内一对大兔子可以繁殖出多少对大兔子？

1. 分析。

这是一个典型的迭代递推问题。不妨假设第 1 个月时兔子的对数为 u1，第 2 个月时兔子的对数为 u2，第 3 个月时兔子的对数为 u3，……根据题意则有：

原来有一对大兔子，故 u1=1。第二个月，大兔子生了一对小兔子，小兔子未长大，大兔子仍是一对，u2=1。第三个月，小兔子长大了，但还未生小兔子，原来的大兔子又生一对小兔子，所以大兔子是 u3=u1+u2=2，n 个月后，大兔子总数为：$u_{n+1}=u_n+u_{n-1}$，这样让计算机对这个迭代关系重复执行 11 次，就可以算出第 12 个月时的兔子总数。流程图如图 5-6 所示。

2. 对象事件代码。

```
Private Sub Form_click()
  Dim x0%, x1%, x%
  x0 = 0: x1 = 1
  For i = 1 To 12
    x = x0 + x1
    x1 = x0
    x0 = x
    Print "第"; i; "月后的大兔子共"; x; "对"
  Next
End Sub
```

3. 运行结果如图 5-7 所示。

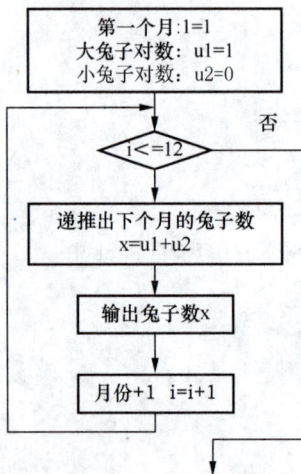

图 5-6　兔子递推流程图

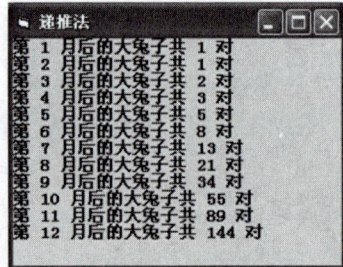

图 5-7　运行结果

【例 5-4】在立即窗口输出 1～1000000 的素数。

1. 立即窗口。

立即（Immediate）窗口是使用最方便、最常用的调试窗口。在程序代码中利用 Debug.Print 方法，在立即窗口中就能显示输出结果；也可以在中断模式下通过立即窗口向 VB 提交命令；还可以直接在该窗口中使用 Print 语句或 "?" 显示任何变量或表达式的值。

```
Private Sub Form_Click()
    Dim x As Long, i As Long, sign As Integer
    Const n = 1000000
```

```
For x = 1 To n
  sign = 0
  For i = 2 To Sqr(x)
    If x Mod i = 0 Then
        sign = 1
        Exit For
    End If
  Next i
  If sign = 0 Then
      Debug.Print x; "是素数"
  End If
  Next x
End Sub
```

单击窗体，在立即窗口会连续输出素数。如果在程序运行中途按下 Ctrl+Break 组合键，则程序进入中断模式。如图 5-8 所示，进入中断模式时输出"5867 是素数"，这时立即窗口键入赋值语句 x=999960，回车后，按 F5 键继续运行程序，发现程序运行将跳过 x=5867 到 x=999960 之间的部分。

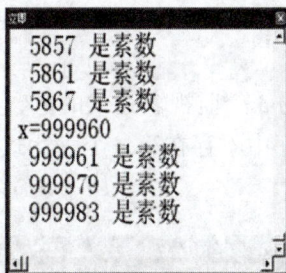

图 5-8　在立即窗口更改变量 x 的值

2. 本地窗口。

本地（Locals）窗口用来显示当前过程中所有变量及对象的取值，并能修改它们的值。当从一个过程切换到另一过程时，本地窗口的内容也随之变化。

如图 5-9 所示，运行例 5-4 时按下 Ctrl+Break 组合键，使得程序进入中断模式。在【视图】菜单中调出本地窗口，显示了当前过程的全部变量。列表中的第 1 个变量 Me 是一个特殊模块变量，可用来扩充显示出当前模块中的所有模块层次变量，单击它前面的"+"号可以显示进一步的信息。

如果要改变某表达式或属性的值，只要单击该值，使它增亮显示，键入新值覆盖原来的值即可。例如，单击 BackColor 属性，把它的值修改为 255，即把窗体的背景颜色更改成红色，如图 5-10 所示。

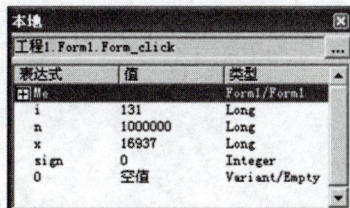

图 5-9　显示当前过程的全部变量

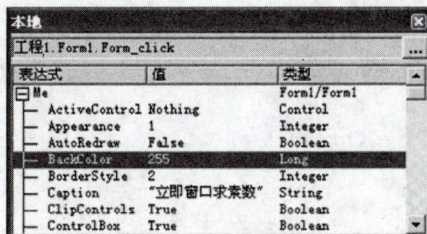

图 5-10　显示窗体的全部属性

3. 监视窗口。

在调试应用程序时，出现问题很多的情况下不是由单个语句产生的，所以需要在整个过程中观察变量或表达式的情况，VB 提供的监视（Watchs）窗口可以完成这一任务。

在使用前，必须在设计模式或中断模式下设置添加监视。单击【调试】菜单的【添加监视】或【快速监视】命令添加监视表达式以及设置监视类型，对话框如图 5-11 所示。

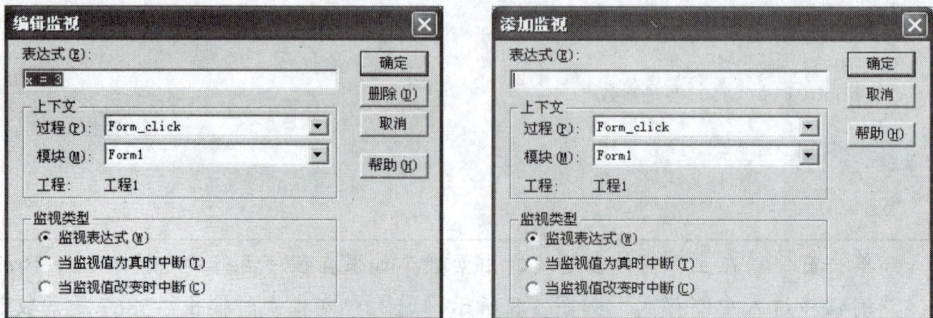

图 5-11 编辑和添加监视表达式对话框

对于已建立的监视表达式，用户可以通过【调试】菜单的【编辑监视】命令，进行编辑、修改，也可以在监视窗口中选中表达式后按 Delete 键，或在"编辑监视"对话框中单击【删除】按钮删除表达式。

图 5-12 显示了监视窗口中的 3 个监视表达式的值、类型、上下文（指表达式所属的过程和模块）。从图中可以看到由于程序中不存在第一个表达式，因此上下文一栏是空的，值栏则是一个说明。

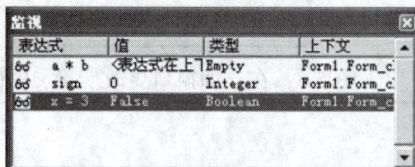

图 5-12   显示选定的监视表达式的状态

【例 5-5】调试下列程序段，分析运行结果，说明程序的功能。

（1）

```
Private Sub Command1_Click()
    Dim x$, n%
    n = 20
    Do While n <> 0
        a = n Mod 2
        n = n \ 2
        x = Chr(48 + a) & x
    Loop
    Print x
End Sub
```

运行后的结果为 10100，该程序的功能是将十进制数转换成二进制字符串。

（2）

```
Private Sub Command1_Click()
    Dim x%, y%, z%
    x = 242
    y = 44
    z = x * y
    Do Until x = y
      If x > y Then x = x - y Else y = y - x
    Loop
    Print x, z / x
End Sub
```

运行后的结果为 22 和 484，该程序的功能是利用相减法求 x，y 的最大公约数和最小公倍数。

四、上机实验

1. 计算 2+4+6+…+100 之和。

2. 编写程序：把输入的数据逆序显示，如输入 4321，输出 1234。

> 提示　第一步，输入数据；第二步，求出数据字符串的长度；第三步，利用 For 循环逆序提取每个数字字符，可使用 Mid(str1,I,1) 函数；第四步，连接成新的字符串，str2=str2 & Mid(str1,I,1)；第五步，输出数据。

3. 在窗体上输出如图 5-13 所示的"数字金字塔"。

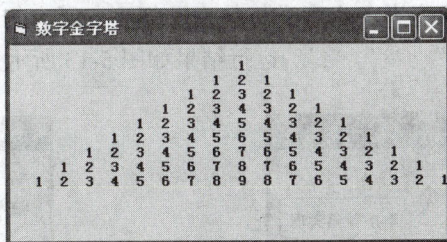

图 5-13　上机实验 3 运行结果

> 提示　要定位好每行的起始点：Print Tab(30 − i * 3)。把每行的输出拆分成两个数列，一个为递增数列，另一个为递减数列，都放在内循环结构中。

4. 我国古代数学家张丘建在"算经"里提出一个世界数学史上有名的百鸡问题：鸡翁一，值钱五，鸡母一，值钱三，鸡雏三，值钱一,百钱买百鸡，问鸡翁、母、雏各几何？

> 提示　设公鸡 x 只，母鸡 y 只，小鸡 z 只，依题意列出方程组：
> $$\begin{cases} x+y+z=100 \\ 5x+3y+z/3=100 \end{cases}$$

　　由于有 3 个未知数，属于不定方程，无法直接求解，因此，可采用"穷举法"将各种可能的组合全部测试，将符合条件的组合输出。为提高运行速度，减少循环次数，对程序需优化考虑，本题中，如果 100 元全部买 20 只公鸡的话，就买不了母鸡和小鸡，所以公鸡最多只能买 20 只，同样，母鸡一只 3 元，100 元最多买 33 只。

　　5. 用两重循环显示如图 5-14 所示的结果。

> **提示**　　方法一：利用数值实现，将各列列号通过运算连接起来。

例如：要连接成 1 ～ 5 位数，程序段如下：

```
s=0
For j=1 To 5
    s=s*10+j
    Print s
Next j
```

方法二：利用字符串不断地截取子串。

　　6. 猴子吃桃子。小猴在一天摘了若干个桃子，当天吃掉一半多一个；第二天接着吃了剩下的桃子的一半多一个；以后每天都吃尚存桃子的一半零一个，到第七天早上要吃时只剩下一个桃子了，问小猴那天共摘下了多少个桃子？

> **提示**　　这是一个递推问题，先从最后一天推出倒数第二天的桃子，再从倒数第二天的桃子推出倒数第三天的桃子……设第 n 天的桃子为 x_n，那么它是前一天桃子数 x_{n-1} 的二分之一减一。即 $x_{n-1} = (x_n+1) \times 2$。当 n = 7，第 7 天的桃子数为 1，则第 6 天的桃子由公式得 4 个，依此类推，可求得第 1 天摘的桃子数。

　　7. 规范文字。对输入的任意大小文章进行整理，规则：所有句子开头为大写字母，其他都是小写字母，句子结束符为 "."、"?"、"!"。运行结果如图 5-15 所示。

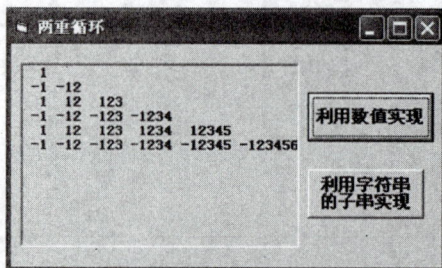

图 5-14　上机实验 5 运行界面　　　　　　　图 5-15　上机实验 7 运行结果

> **提示**　　要实现句首为大写字母，其他都是小写字母，必须设置一个变量 c0，存放当前处理的字符的前一个字符，来判断前一个字符是否为句子的结束符。c0 的初值 = "."，当前处理的字符变量 c1=Mid(Text1.text，i，1)。

5.2　习　　题

一、选择题

　　1. 设有以下循环结构：

```
Do
    循环体
Loop While <条件>
```
则以下叙述中错误的是_____。

（A）若"条件"是一个为 0 的常数，则一次也不执行循环体

（B）"条件"可以是关系表达式、逻辑表达式，但不可以是常数

（C）循环体中可以使用 Exit Do 语句

（D）如果"条件"总是为 True，则不停地执行循环体

2. 单击"命令"按钮，执行下列程序后，在文本框中显示的值是_____。

```
Private Sub Command1_Click()
    Dim i As Integer,n As Integer
    For i=0 To 50
        i=i+3
        n=n+1
        if i>10 Then Exit For
    Next i
    Text1 =str(n)
End Sub
```

（A）2 　　　　　　　　　　　（B）3

（C）4 　　　　　　　　　　　（D）5

3. 下列循环语句能正常结束循环的是_____。

（A）i=5　　　　　　　　　　　（B）i=1

```
    Do
     i=i+1
    Loop Until i<0
```
```
    Do
     i=i+2
    Loop Until i=10
```

（C）i=10　　　　　　　　　　（D）i=6

```
    Do
     i=i-1
    Loop Until i<0
```
```
    Do
     i=i-2
    Loop Until i=1
```

4. 单击窗体执行下列程序后，在窗体上输出的值是_____。

```
Private Sub Form_Click()
    Dim x As Integer, n As Integer
    x = 1
    n = 0
    Do While x < 28
        x = x * 3
        n = n + 1
    Loop
    Print x; n
End Sub
```

（A）81　4　　　　　　　　　　（B）56　3

（C）28　1　　　　　　　　　　（D）243　5

5. 下面程序运行时，内层循环的循环总次数为_____。

```
For M=1 to 3
    For N=0 To M-1
```

```
        Next N
    Next M
```
（A）5   （B）6
（C）3   （D）4

6. 单击命令按钮执行下列程序后，x 的输出结果是_____。

```
Private Sub Commandl_Click()
    For i=1 To 4
        x=4
      For j=l To 3
       x=3
        For k=1 To 2
        x=x+6
        Next k
      Next j
    Next i
    Print x
  End Sub
```
（A）7   （B）15
（C）157   （D）538

7. 在窗体上画一个 Command1 的命令按钮，然后编写如下事件过程：

```
Private Sub Commandl_Click()
    Dim i,num
    Randomize
    Do
     For i=1 to 1000
       Num=int(Rnd*100)
       Print num;
       Select case num
       Case 12
         Exit for
       Case 58
         Exit do
       Case 65,68,92
         End
       End select
     Next i
    Loop
End Sub
```
程序运行后，单击命令按钮，则下列描述正确的是_____。

（A）Do 循环的次数为 1000 次

（B）在 For 循环中产生的随机数小于或等于 100

（C）当所产生的随机数为 12 时结束所有循环

（D）当所有的随机数为 65、68 或 92 时结束程序

8. 下面程序的功能是_____。

```
Private Sub Commandl_Click()
  N=Val(Text1.text)
```

```
    For i=2 to N
      For j=2 to Sqr(i)
         If I mod j=0 then exit for
      Next j
        If j>Sqr(i) then print i
      Next i
    End Sub
```

（A）输出 n 以内的奇数　　　　　　　（B）输出 n 以内的素数

（C）输出 n 以内的偶数　　　　　　　（D）输出 n 以内能被 j 整除的数

9. 下面哪个程序段不能分别正确显示 1!、2!、3!、4! 的值？_____。

（A）
```
For i=1 To 4
    n=1
    For j=1 To i
     n=n*j
    Next j
    Print n
  Next i
```

（B）
```
For i=1 To 4
  For j=1 To i
     n=1
     n=n*j
    Next j
    Print n
  Next i
```

（C）
```
n=1
  For j=1 To 4
  n=n*j
  Print n
  Next j
```

（D）
```
n=1
  j=1
  Do While j<=4
     n=n*j
     Print n
     j=j+1
  Loop
```

10. 在窗体上画一个 Command1 的命令按钮，然后编写如下事件过程：

```
Private Sub Command1_Click()
    sum=0
    For k=1 to 3
      If k<=1 then
        X=1
      ElseIf k<=2 then
        X=2
      ElseIf k<=3 then
        X=3
      Else
        X=4
      End If
    sum=sum+x
    Next k
    Print sum
  End Sub
```

程序运行后，单击命令按钮，窗体输出的结果是_____。

（A）9　　　　　　　　　　　　　　（B）3

（C）6　　　　　　　　　　　　　　（D）10

二、填空题

1. 以下程序段的输出结果是_____。

```
    num=0
    While num<=2
       num=num+1
       Print num
    Wend
```

2. 运行下面程序，S 的结果是_____。

```
Private Sub Command1_Click()
    i=0
    Do
      i=i+1
      s=i+s
      Loop Until i>=4
      Print s
    End sub
```

3. 执行下面程序，在窗体上的输出结果为_____。

```
Option Explicit
  Private Sub Form_Click()
     Dim i As Integer,j As Integer
     j=10
     For i=1 To j Step 2
       i=i+1
       j=j-i
     Next i
     Print i,j
   End Sub
```

4. 执行下面程序，在窗体上的输出结果为_____。

```
Private Sub Command1_Click()
    a=1
    b=a
    Do until a>=5
     x=a*b
     Print str(a) & "*" & str(b) & "=";str(x)
     a=a+b
     b=b+a
    loop
    End sub
```

5. 程序运行时，单击 Command1 后，输入 12345678，则窗体上的输出结果为_____。

```
Private sub command1_click()
    Dim x as long ,y as string
    x=Inputbox("请输入一个数")
    Do while x<>0
     y=y & x mod 10
     y=x\10 mod 10 & y
     x=x\100
     Print y
     Loop
    End sub
```

6. 程序运行时，单击窗体后，则窗体上的输出结果为_____。

```
Private sub command1_click()
    Dim i%,j%
     For i=1 to 6
      Print spc(6-i);
       For j=1 to 2*i-1
          Print chr$(90-i+1);      ' 字符 "Z" 的 ASCII 码是 90
       Next j
      Print
    Next i
  End sub
```

7. 执行下面程序段后，则窗体上的输出结果_____。

```
Private sub command1_click()
    Dim I%,J%,K%
    For I=0 to 10 step 3
     Print spc(6-I);
      For J=1 to 2*I-1
    If J>=5 then I=I+4  :Exit For
    J=J+1
    K=K+1
    Next J
    If I>8 then Exit For
    Next I
    Print K
  End sub
```

8. 以下程序的功能是：从键盘上输入若干个学生的考试分数，当输入负数时结束输入，然后输出其中的最高分和最低分，请将程序补充完整。

```
Private Sub Form_Click()
    Dim x As Single,amax As Single,amin As Single
    x=InputBox(" 输入一个分数:")
    amax=x
    amin=x
    Do While ___①___
     If x>amax  Then  amax=x
     If__②__ Then   amin=x
      x=InputBox("输入一个分数：")
    Loop
    Print "Max:";amax, "Min:"; amin
  End Sub
```

9. 由键盘输入一个正整数，找出大于或等于该数的第一个质数。

```
Private Sub Command1_Click()
    Dim m%, x%, tag As Boolean
    tag = False
    x = InputBox("请输入正整数：")
    Do While Not tag
        m = 2
        tag =___①___
        Do While tag And (m < (x \ 2))
          If x Mod m = 0 Then tag =__②__ Else__③__
```

```
        Loop
      If Not tag Then x = x + 1
      Loop
      Print x
   End Sub
```

10. 下列程序为求 sn=a+aa+aaa+…+aa…a(n 个 a)，其中 a 为一个随机产生的 [1，9] 中的一个正整数，n 是一个随机产生的 [5，10] 中的一个正整数，请将程序补充完整。

例如：当 a=2，n=5 时，sn=2+22+222+2222+22222

```
Private Sub Form_Click()
   Dim a As Integer, n As Integer, s As Double, sn As Double
      a = Fix(9 * Rnd) + 1
      n = Fix(6 * Rnd) + 5
    print a,n
    sn = 0
    s = 0
    For i = 1 To____①____
      s = s + a * 10 ^ (i - 1)
    ____②____
      Print s;
   Next
   Print
   Print sn
End sub
```

11. 搬砖问题：36 块砖，36 人搬，男的搬 4 块，女的搬 3 块，2 个小孩抬 1 块，要求 1 次全部搬完，问需要男、女和小孩各多少？

```
Private Sub Command1_Click()
   For male=1 to 9
     For female=1 to 12
       For boy=__①__ to 36 step 2
         If boy+female+male=36 and __②__ then
           Print male,female,boy
         End if
       Next boy
     Next female
   Next male
End sub
```

第6章
数组

6.1 实　　验

一、实验目的

1. 了解数组的概念。
2. 掌握静态数组和动态数组的声明。
3. 掌握数组的各种基本操作。
4. 掌握控件数组的概念及建立方法。
5. 掌握列表框和组合框的使用。

二、知识介绍

1. 数组的概念。

数组不是一种新的数据类型，而是一组相同类型的变量的集合。数组必须先声明后使用。

2. 静态数组及其声明。

在声明时确定了大小的数组称为静态数组。声明静态数组的形式如下：

```
Dim 数组名 ( 下标 [ , 下标 2…] ) [ As 类型]
```

如：`Dim a(10) As Integer, b(-3 To 2, 3) As Single`

声明了一个大小为 11 的一维整型数组 a 和一个大小为 $6 \times 4 = 24$ 的二维数组 b。

3. 动态数组及其声明。

动态数组是指其大小可以改变的数组。建立动态数组要分如下两步来完成。

```
Dim a() As Integer
ReDim a(2,3)
```

4. 数组的基本操作。

（1）数组元素的赋值。

可以通过赋值语句、循环语句、Array() 函数、随机函数、InputBox() 函数等方法给数组元素赋值。一维数组的赋值通过一重循环实现，二维数组的赋值要通过二重循环来实现。往往将随机函数和循环结合起来使用。

（2）与数组相关的函数。

与数组相关的函数包括 Array() 函数、UBound() 函数、LBound() 函数、Split() 函数、Join()

函数等。

Split() 函数得到的数组下界是 0，不受 Option Base 1 语句的影响。

（3）数组的赋值。

在 VB 6.0 中，可以直接将一个数组赋值给另一个数组。

（4）数组的输出。

数组的输出通常要用循环语句来实现，一维数组的输出用一重循环，二维数组的输出要用二重循环。

（5）For Each ... Next 语句的使用。

```
For Each 变量 In 数组名
    [ 语句组 1]
    [ Exit For]
    [ 语句组 2]
Next 变量
```

要注意，变量的类型只能是变体类型。

5. 控件数组。

控件数组是一组相同类型的控件的集合。一个控件数组中的全部控件共用一个控件名，具有相同的属性，共享同样的事件过程。系统给每个元素一个唯一的索引号（Index），用来标识控件数组中的每个元素。控件数组的下标从 0 开始，不受 Option Base 1 语句的影响。

创建控件数组有两种方法：在设计时建立和在运行时建立。具体做法参考主教材。

6. 列表框与组合框。

列表框（ListBox）和组合框（ComboBox）都是能提供选项的控件。这两个控件有几个属性是数组。

（1）列表框。

列表框用来显示多个选项供用户选择。

① 主要属性：Columns、ListCount、List、MultiSelect、ListIndex、Text、Selected、Style、Sorted、NewIndex、SelCount 等，其中 List 属性是一个字符类型的数组，用来表示各选项的内容，Selected 属性是一个逻辑型数组，用来表示各选项是否选中。

② 常用方法：AddItem、RemoveItem、Clear 方法。

③ 事件：列表框通常不需要编程。

（2）组合框。

组合框是列表框和文本框的组合。

三、实验示例

【例 6-1】设计一个比赛时统计成绩的程序。程序运行界面如图 6-1 所示。在文本框 Text1 中输入若干个评委的评分，每个分数用英文逗号隔开，单击"统计"按钮，在图片框 Picture1 中显示最后成绩。成绩的计算方法是：去掉一个最高分，去掉一个最低分，算剩下的评分的平均分，保留三位小数。

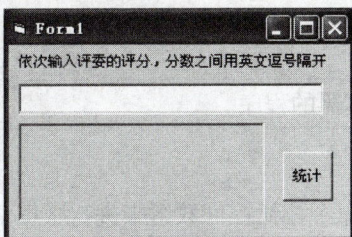

图 6-1　例 6-1 设计界面

1. 设计界面。

本例用到的控件有：标签 Label1，文本框 Text1、图片框 Picture1、命令按钮 Command1。

2. 设置对象的属性，如表 6-1 所示。

表 6-1　　　　　　　　　　　　　　控件的属性设置

控 件 名	属 性 名	属 性 值
Label1	Caption	依次输入评委的评分
Text1	Text	
Command1	Caption	统计

3. 分析。

（1）将 Text1 中输入的用逗号隔开的分数放入到数组中，要用到 Split() 函数。

（2）要统计分数，必须分别算出最高分、最低分和总分。

（3）要将结果在图片框中输出。

4. 对象事件代码。

```
Private Sub Command1_Click()
    Dim a                                '声明动态数组 a
    Dim s%, aver!, max%, min%
    a = Split(Text1.Text, ",")           '将 Text1 的内容放入到数组 a
    s = 0  :    aver = 0
    max = 0  :     min = 100             '假设最高分为 0，最低分为 100
    Picture1.Print "评委的评分如下："
    For i = LBound(a) To UBound(a)
        '该循环要实现数组的输出、总分的计算、最高分和最低分的计算等功能
        Picture1.Print a(i); "  ";
        If (i + 1) Mod 5 = 0 Then Picture1.Print
                '由于用 Split ( )函数赋值的数组下界为 0，故对 i+1 判断
        s = s + a(i)
        If a(i) > max Then max = a(i)
        If a(i) < min Then min = a(i)
    Next i
    aver = (s - max - min) / (UBound(a) - LBound(a) + 1 - 2)    '计算最终得分
    Picture1.Print
    Picture1.Print "去掉一个最高分：" & max
    Picture1.Print "去掉一个最低分：" & min
    Picture1.Print "该选手的最后得分是：" & Format(aver, "0.000")  '输出结果
End Sub
```

5．运行结果如图 6-2 所示。

【例 6-2】设计一个简易计算器的程序。

1．算法。

（1）设计一个有 4 个元素的命令按钮控件数组来进行数据清除、退格、开和关。

（2）设计一个有 16 个元素的命令按钮控件数组来进行数据的输入和运算控制。

（3）操作数是通过文本框中的字符反复连接而成的。

2．设计界面，如图 6-3 所示。

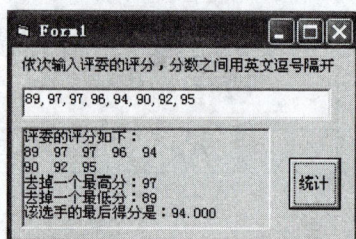

图 6-2　例 6-1 的运行结果　　　　图 6-3　例 6-2 的设计结果

建立 2 个命令按钮控件数组和 1 个文本框 Text1。

3．属性设置。

属性设置如表 6-2 所示。

表 6-2　　　　　　　　　　控件的属性设置

控 件 名	属 性 名	属 性 值
Text1	Text	
Text1	Alignment	1
Command1(0)	Caption	清除
Command1(1)	Caption	退格
Command1(2)	Caption	OFF
Command1(3)	Caption	ON
Command2(0) ～ Command2(9)	Caption	0 ～ 9
Command2(10)	Caption	.
Command2(11)	Caption	+
Command2(12)	Caption	−
Command2(13)	Caption	*
Command2(14)	Caption	/
Command2(15)	Caption	=

4. 程序代码。

```vb
Dim num1 As Double                      '用来存放第一个操作数
Dim op As Integer                       '用来记录操作符的 Index 值
Private Sub Command1_Click(Index As Integer)
    Select Case Index
        Case 0                          '"清除"操作
            Text1.Text = ""
        Case 1                          '"退格"操作
            nt = Len(Text1.Text)
            If nt > 1 Then
                Text1.Text = Left(Text1.Text, nt - 1)
            End If
        Case 2                          '"OFF"操作
            End
        Case 3                          '"ON"操作
            Text1.Text = ""
            Text1.SetFocus
    End Select
End Sub
Private Sub Command2_Click(Index As Integer)
    Select Case Index
        Case 0 To 9                     '数字 0 ～ 9
            Text1.Text = Text1.Text & Index
        Case 10                         '小数点
            If InStr(Text1.Text, ".") = 0 Then
                Text1.Text = Text1.Text & "."
            End If
        Case 11 To 14                   '加、减、乘、除
            num1 = Val(Text1.Text)
            op = Index
            Text1.Text = ""
        Case 15                         '等号
            If op = 11 Then
                Text1.Text = num1 + Val(Text1.Text)
            End If
            If op = 12 Then
                Text1.Text = num1 - Val(Text1.Text)
            End If
            If op = 13 Then
                Text1.Text = num1 * Val(Text1.Text)
            End If
            If op = 14 Then
                If Val(Text1.Text) = 0 Then
                    MsgBox "分母不能为 0，请重新输入 "
                    Text1.Text = ""
                Else
                    Text1.Text = num1 / Val(Text1.Text)
                End If
```

```
                End If
          End Select
End Sub
```

5. 运行结果如图 6-4 所示。

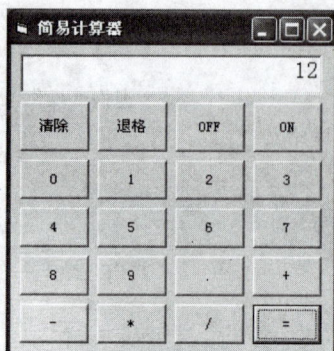

图 6-4　例 6-2 的运行结果

【例 6-3】求斐波那契数列的前 20 项，并将其放入到一个一维数组中，然后将一维数组的值存放到一个 4×5 的二维数组中，并将二维数组的值打印出来。

斐波那契数列前 20 项的值如下：

1，1，2，3，5，8，13，21，…，2584，4181，6765

1. 界面设计。

界面设计较简单，略。

2. 程序代码。

```
Private Sub Form_Click()
    Dim a(1 To 20) As Long                      '定义一维数组
    Dim b(1 To 4, 1 To 5) As Long               '定义二维数组
    a(1) = 1                                     '第一个元素的值
    a(2) = 1                                     '第二个元素的值
    For i = 3 To 20                              '后面元素的值是前两个元素之和
        a(i) = a(i - 1) + a(i - 2)
    Next i
    For i = 1 To 4                               '该循环将一维数组放入到二维数组中，并打印
        For j = 1 To 5
            b(i, j) = a((i - 1) * 5 + j)         '二维数组和一维数组下标的关系
            Print b(i, j),
        Next j
        Print
    Next i
End Sub
```

3. 程序运行结果如图 6-5 所示。

4. 程序调试。

编写本题代码时容易出现如下错误：

（1）声明数组时出错。

若将声明部分改为如下代码：

```
Dim n%
Dim a(1 To n) As Long
Dim b(1 To 4, 1 To 5) As Long
n = InputBox("请输人一个正整数")
```

则程序运行到第 2 行时将出现如图 6-6 所示的错误，单击"确定"按钮后，代码窗口将以亮黄色显示出错的事件，并以蓝底白字反向显示出错的代码—也就是第 2 行的"n"。

图 6-5　例 6-3 的运行结果　　　　　图 6-6　声明数组的错误

出错原因：定义静态数组 a 时下标使用了变量 n。

修改方法：若要将 a 定义成静态数组，将 n 改为常数 20；否则将其定义成动态数组，在 ReDim 语句中可以使用 n 来确定其大小。

（2）下标越界。

若将给一维数组赋值的程序改成：

```
For i = 1 To 20
    a(i) = a(i - 1) + a(i - 2)
Next i
```

则运行时将出现如图 6-7 所示的"下标越界"的错误。单击"调试"，将以亮黄色显示出错的代码，即上述程序的第二行。

出错原因：循环变量 i 的值为 1 时，循环体

```
a(i) = a(i - 1) + a(i - 2)
```

相当于：

```
a(1) = a(0) + a(-1)
```

而数组 a 的下界是 1，下标比下界小，是下标越界的一种。

当 i 的值为 2 时，同样会出现下标越界的错误。

若将循环的终值改为 21，则最后一次运行循环时也将出现下标越界的错误，循环体相当于：

```
a(21) = a(20) + a(19)
```

下标 21 大于数组 a 的上界 20，是下标越界的另一种情况。

修改方法：用循环来操作数组时容易出现"下标越界"的错误，要多分析下标的值。

（3）数组维数错。

若将下列语句：

```
b(i, j) = a((i - 1) * 5 + j)
Print b(i, j),
```

改为：

```
b(i) = a((i - 1) * 5 + j)
Print b(i),
```

则将出现如图 6-8 所示的"维数错误"。

出错原因：数组 b 声明的是二维数组，引用该数组的元素时，必须是 2 个下标。

由于篇幅有限，本例只列举这 3 个容易出现的错误。在数组的应用中，比较容易出错的还有

Array() 函数和 Split() 函数的使用，两个函数都要求数组必须是动态数组，其中 Array() 还要求数组必须是变体类型。

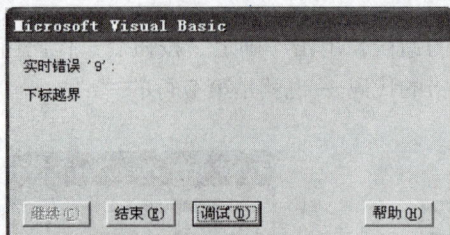

图 6-7　下标越界的错误

图 6-8　数组维数错误

四、上机实验

1. 求中值。

数组 A 是一维动态数组，数组的大小 N 通过文本框输入，随机产生 [25,125] 范围的随机整数赋给数组的 N 个元素，求这 N 个元素的中值。求中值要先对数组进行排序，然后按下列规则求解：若数组元素个数为奇数，中值为 A((N+1)/2)；若数组元素个数为偶数，则中值为 (A(N/2)+A(N/2+1))/2。各元素的值在图片框 Picture1 中按每行 4 个的格式输出，中值在标签中输出。运行结果如图 6-9 所示。

2. 利用数组统计某个班同学某门课程各个分值段的人数，分数共分 11 个分值段：0 ～ 9、10 ～ 19、20 ～ 29、…、90 ～ 99、100。班级人数由 InputBox() 函数输入（要求不小于 100 个人），分数由随机函数产生。

> 定义一个有 11 个元素的一维数组 a(10)，把 0 ～ 9 分的人数存放到 a(0) 中，10 ～ 19 的人数存放到 a(1) 中，依此类推，100 分的人数存放到 a(10)。

3. 杨辉三角。

在图片框中打印 n 行的杨辉三角形。运行界面如图 6-10 所示。

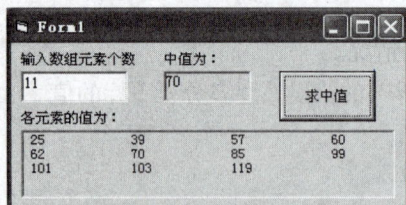

图 6-9　上机实验 1 运行结果

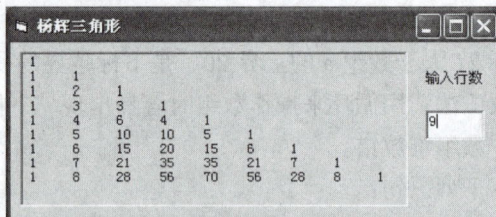

图 6-10　上机实验 3 杨辉三角

> 要用二维数组来存放杨辉三角的数值，注意查找数据的规律。杨辉三角形的特点是：第 i 行有 i 个数。每行的第一个和最后一个数均为 1；其余每个数等于它的上一行的同一列和前一列数之和。

4. 求鞍点。

找出一个 4 行 5 列的二维数组的鞍点。如果找到，显示鞍点的行号和列号；如果没有找到，则显示没有鞍点。所谓鞍点，是指在本行最大，在本列最小的元素。程序运行界面如图 6-11 所示。图示的结果是单击窗体运行两次之后的结果。

5. 将下面两组数据分别放入数组 A 和 B：

23，9，40，24，10，22，25，5，75，76

4，22，77，32，78，27，8，11，15，18

再将两数组对应下标的元素相加，结果放入数组 C 中。再在窗体上分别输出这 3 个数组的内容。运行结果如图 6-12 所示。

图 6-11　上机实验 4 求鞍点

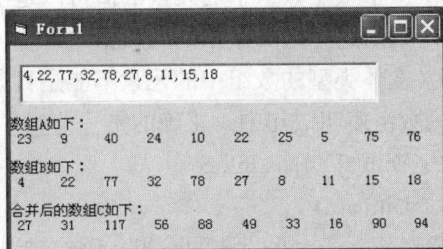

图 6-12　上机实验 5 运行结果

要求：数组 A 通过 Array() 函数赋值，数组 B 通过 Split() 函数赋值，先将数组 B 的值在文本框中输入，用逗号隔开。

6. 对于一个 5 行 5 列的矩阵，完成如下要求：

（1）使周边元素都为 1，其他元素的值通过随机函数产生 [4, 80] 范围内的随机整数。

（2）分别求矩阵主对角线和次对角线上元素的和。

（3）分别求出矩阵上三角和下三角元素之和（以主对角线区分，不包括主对角线上的元素）。

（4）分别打印出矩阵的上三角和下三角（包括对角线）。

7. 利用标签控件数组，使文字流动显示。每单击窗体一次，文字就流动一次，初始值是"迪斯尼乐园欢迎你"。运行结果如图 6-13 所示，图示结果是单击窗体三次之后的结果。

标签控件数组共有 8 个元素，可在属性窗口设置好每个字体的颜色等属性。

8. 做一个点菜程序，运行结果如图 6-14 所示。

图 6-13　上机实验 6 运行结果

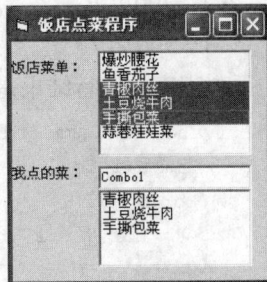

图 6-14　上机实验 7 运行结果

要求能进行如下操作：列表框支持多项选择，选中多项后单击窗体，选项即添加到组合框中；在列表框中双击某选项，选项即添加到组合框中；在组合框中双击某选项，选项即删除。

6.2 习　　题

一、选择题

1. 下列有关数组说法正确的是_____。

　　（A）数组是一种新的数据类型

　　（B）一个整型数组中的元素的值可以是字符型

　　（C）数组是一组类型相同的数据的集合

　　（D）变体类型的数组中的元素不能是日期型

2. 下列数组声明语句中，正确的是_____。

　　（A）Dim a[3,4] as Integer　　　　　　（B）Dim a(−5)

　　（C）Dim a(n)　　　　　　　　　　　　（D）Dim a(3)

3. 若要定义一个大小为 3 的数组，语句错误的是_____。

　　（A）Dim a(3)　　　　　　　　　　　（B）Option Base 1: Dim a(3)

　　（C）Dim a(2 To 4)　　　　　　　　　（D）Dim a(−4 To −2)

4. 语句 Dim a(−3 To 4,3 To 6) As Integer 定义的数组的元素个数是_____。

　　（A）18　　　　　　　　　　　　　　（B）28

　　（C）21　　　　　　　　　　　　　　（D）32

5. 要刚好存放一个 3 × 3 的整型矩阵，下列定义正确的是_____。

　　（A）Dim a(9) As Integer　　　　　　（B）Dim a(3,3) As Integer

　　（C）Dim a(−1 To 1,−5 To −3) As Single　（D）Dim a(−3 To −1,5 To 7) As Integer

6. 下列程序的运行结果是_____。

```
Private Sub Command1_Click()
    Dim a(10) As Integer
    a(0) = 100
    For i = 1 To 10
        a(i) = a(i - 1) - 10 * i
    Next i
    Print a(i - 1)
End Sub
```

　　（A）−300　　　　　　　　　　　　　（B）−450

　　（C）−500　　　　　　　　　　　　　（D）程序出错

7. 下列程序的运行结果是_____。

```
Private Sub Command1_Click()
    Dim a(1 To 3, 1 To 3) As Integer
    For i = 1 To 3
        For j = 1 To 3
            If i <> j Then
            a(i, j) = 2 * (i - 1) + j
```

```
        Else
            a(i, j) = 9
        End If
    Next j
    Next i
    For i = 1 To 3
        For j = 1 To 3
            Print a(i, j);
        Next j
        Print
    Next i
End Sub
```

（A）1　2　3　　　　　　　　（B）2　3　4
　　　3　4　5　　　　　　　　　　　3　4　5
　　　5　6　7　　　　　　　　　　　4　5　6
（C）9　2　3　　　　　　　　（D）9　4　5
　　　3　9　5　　　　　　　　　　　5　9　7
　　　5　6　9　　　　　　　　　　　7　8　9

8. 下面有关静态数组说法正确的是_____。
（A）静态数组的大小可以改变
（B）定义静态数组时下标可以用有确定值的变量
（C）静态数组不能是变体类型
（D）静态数组的大小不能改变

9. 下面有关动态数组说法错误的是_____。
（A）动态数组的大小可以改变
（B）动态数组的维数可以改变
（C）ReDim 动态数组时下标可以是有确定值的变量
（D）动态数组不能是变体类型

10. 下面程序的运行结果是_____。
```
Private Sub Command1_Click()
    Dim a
    a = Array(10, 11, 12, 13, 14, 15, 16)
    Print a(1) + a(3)
End Sub
```
（A）22　　　　　　　　　　（B）24
（C）不确定　　　　　　　　（D）程序出错

11. 下面程序的运行结果是_____。
```
Private Sub Command1_Click()
    Dim a(10) As Integer
    For i = 0 To 10
        a(i) = i * 20
    Next i
    Print a(i)
End Sub
```

（A）200　　　　　　　　　　　　　（B）0

（C）不确定　　　　　　　　　　　　（D）程序出错

12. 下面有关列表框的属性说法错误的是_____。

（A）列表框的 List 属性是字符型的，跟字符型变量类似

（B）列表框的 List 属性是一个字符型数组

（C）列表框的 Selected 属性是一个逻辑型数组

（D）列表框的 ListCount 属性在设计时是只读的

13. 关于定于数组的语句 Dim a(−3 To 2, 8) 说法错误的是_____。

（A）数组 a 是一个二维数组　　　　（B）数组 a 的大小是 54

（C）数组 a 是一个动态数组　　　　（D）数组 a 的第二维的下界是 0

14. 在窗体上画一个命令按钮，其名称为 Command1，然后编写如下代码：

```
Option Base 1
Private Sub Command1_Click()
    Dim a
    a = Array(1, 2, 3, 4)
    j = 1
    For i = 4 To 1 Step -1
            s = s + a(i) * j
            j = j * 10
    Next i
    Print s
End Sub
```

程序运行后，单击命令按钮，其输出结果是_____。

（A）4321　　　　　　　　　　　　（B）1234

（C）34　　　　　　　　　　　　　　（D）12

15. 编写如下代码：

```
Private Sub Command1_Click()
    Dim a(1 To 6) As String
    For i = 1 To 6
        a(i) = InputBox("请输入第" & i & "个元素的值")
     Next i
     Print Join(a, "、")
    End Sub
```

运行时输入如下字符："a"、"b"、"c"、"d"、"e"、"f"，则输出结果是_____。

（A）abcdef　　　　　　　　　　　（B）a、b、c、d、e、f

（C）a+b+c+d+e+f　　　　　　　　（D）程序出错

16. 下面程序的运行结果是_____。

```
Option Base 1
Private Sub Command1_Click()
    Dim a
    a = Array(2, 3, 4, 5, 6)
    s = 0
    For i = 1 To 5
        s = s + a(i)
```

```
        Next i
        s = s / 5
        For i = 1 To 5
            If a(i) > s Then Print a(i);
        Next i
    End Sub
```

（A）5 6   （B）4 5 6

（C）6   （D）3 4 5 6

17. 编写如下代码：

```
Private Sub Command1_Click()
    Dim a(1 To 6) As Integer, t$, s%
    If Len(Text1.Text) <> 6 Then
        MsgBox " 文本框中请输入 6 个字母 ", " 出错 "
    Else
        For i = 1 To 6
            t = Mid(Text1.Text, i, 1)
            a(i) = Asc(t) - 96
        Next i
    End If
    s = 0
    For i = 1 To 6
        s = s + a(i)
    Next i
    Print s
End Sub
```

运行时在 Text1 中输入 "abcdef"，然后单击 Command1，则程序的运行结果是＿＿＿＿。

（A）30   （B）21

（C）不确定   （D）程序出错

18. 在窗体上添加一个命令按钮，名称为 Command1，然后编写如下程序：

```
Option Base 0
Private Sub Command1_Click()
    Dim a(4) As Integer, b(4) As Integer
    For k = 0 To 2
        a(k + 1) = InputBox(" 请输入一个整数 ")
        b(3 - k) = a(k + 1)
    Next k
    Print b(k)
End Sub
```

程序运行后，单击命令按钮，在输入对话框中依次输入 2、4、6，则输出结果是＿＿＿＿。

（A）0   （B）1

（C）2   （D）3

19. 下面有关控件数组说法错误的是＿＿＿＿。

（A）控件数组是一组相同类型的控件的集合

（B）若一个命令按钮数组有 4 个命令按钮，则最后一个的下标为 3

（C）一组命令按钮控件数组只有一个单击事件

（D）控件数组只能在设计时通过复制、粘贴的方法建立

20. 下面有关数组的下界说法错误的是_____。

（A）数组的下界默认是 0

（B）通过 Array() 函数得到的数组的下界不受 Option Base 1 语句的影响，固定为 0

（C）通过 Split() 函数得到的数组的下界不受 Option Base 1 语句的影响，固定为 0

（D）控件数组的下界不受 Option Base 1 语句的影响，固定为 0

二、填空题

1. 数组的下界默认是_____。

2. 若要改变动态数组的大小同时保留数组原有的值，应使用的关键字是_____。

3. 用来获得数组 w 第二维的上界的函数是_____。

4. Label1(3) 是控件数组 Label1 的第_____个元素。

5. 在运行时建立控件数组通过_____方法为数组添加元素。

6. 要使列表框控件显示一列选项，当显示不下时自动添加水平滚动条，应将其 Columns 属性设置为_____。

7. 若列表框的 ListCount 属性值为 6，则 List 属性的下标范围是_____。

8. 若对列表框能用 Ctrl 键加单击鼠标来选择多个不连续的选项，则其 MultiSelect 属性应设置为_____。

9. 若列表框的 ListCount 属性值为 5，则用 AddItem 方法为其添加选项时，第 2 个参数 Index 的值可为_____。

10. 若列表框的 ListCount 属性值为 5，则用 RemoveItem 方法删除其中的选项时，参数 Index 的值可为_____。

11. 单击命令按钮 Command1，下列程序的运行结果是_____。

```
Private Sub Command1_Click()
    Dim a, s%
    a = Array(11, 22, 33, 44, 55, 66, 77, 88)
    s = 0
    For i = 1 To UBound(a)
        s = s + a(i) \ 11
    Next i
    Print s
End Sub
```

12. 单击命令按钮 Command1，下列程序的运行结果是_____。

```
Private Sub Command1_Click()
    Dim a(1 To 10) As Integer
    For i = 1 To 10
        a(i) = i * 2 - 1
    Next i
    Print
    Print a(a(a(3)))
End Sub
```

13. 单击命令按钮 Command1，下列程序的运行结果是_____。

```
Private Sub Command1_Click()
    Dim a, max%, imax%
    a = Array(56, 5, 0, 78, 12, 90, 34, 89)
```

```
        max = a(0)
        imax = 0
        For i = 1 To UBound(a)
            If a(i) > max Then
                max = a(i)
                imax = i
            End If
        Next i
        Print max, imax
    End Sub
```

14. 单击命令按钮 Command1，下列程序的运行结果是_____。

```
Private Sub Command1_Click()
    Const m = 4
    Dim a(1 To m, 1 To m) As Integer
    Dim i%, j%
    For i = 1 To m
        For j = 1 To m
            a(i, j) = 3 * i + j * 2 - 3
            Print Tab(5 * (j - 1) + 1); a(i, j);
        Next j
        Print
    Next i
End Sub
```

15. 单击命令按钮 Command1，程序运行时在输入对话框中输入 "QWERT"，程序运行的结果是_____。

```
Option Base 1
Private Sub Command1_Click()
    Dim a(26) As Integer
    Dim s As String, c As String * 1, n%, i%, j%
    s = InputBox("请输入一个字符串")
    n = Len(s)
    For i = 1 To n
        c = LCase(Mid(s, i, 1))
        If c >= "a" And c <= "z" Then
            j = Asc(c) - 97 + 1
            a(j) = a(j) + 1
        End If
    Next i
    For i = 1 To 26
        If a(i) > 0 Then
            Print Chr(i + 97 - 1); "="; a(i); " ";
        End If
    Next i
End Sub
```

16. 单击命令按钮 Command1，下列程序的运行结果是_____。

```
Option Base 1
Private Sub Command1_Click()
    Dim a(4, 4) As Integer
```

```
        For i = 1 To 4
            For j = 1 To 4
                If i > 1 And j > 1 Then
                    a(i, j) = a(i - 1, j - 1) + a(i - 1, j) + a(i, j - 1)
                Else
                    a(i, j) = 1
                End If
            Next j
        Next i
        i = 0
        For Each x In a
            Print Tab(((i Mod 4) * 5 + 1)); x;
            i = i + 1
            If i Mod 4 = 0 Then Print
        Next x
    End Sub
```

17. 在文本框中输入任意长度的字符串，字符串的每个字符间用英文逗号分隔，要求将字符串反序，例如，输入 "Q"，"W"，"E"，"R"，"T"，反序后变成 "T"，"R"，"E"，"W"，"Q" 在文本框中显示，将下列程序填充完整。

```
    Private Sub Command1_Click()
        Dim a          '定义一个动态数组
        Dim s$, t As String * 1, d$
        s = Text1.Text
        a = ___①___    '将文本框中各字符作为数组元素赋给数组 a
        For i = 0 To ___②___    '将前后元素进行交换
            t = a(i)
            a(i) = ___③___
            a(UBound(a) - i) = t
        Next i
        d = ""
        For i = 0 To UBound(a)
            d = ___④___
        Next i
        Text1.Text = d
    End Sub
```

18. 下例程序为计算数组的累加和，将程序填充完整。

```
    ___①___
    Private Sub Command1_Click()
        Dim a
        Dim sum%, i%, j%
        a = Array(1, 2, 3, 4, 5, 6, 7)
        For i = 1 To ___②___
            sum = ___③___
        Next i
        Print "数组的累加和为: "; sum
    End Sub
```

19. 给一个 5 行 5 列的矩阵赋值，其中对角线上的元素的值都是 1，其他元素的值为其行号和列号相加的值，将下列程序填充完整。对角线有主对角线和副对角线两条。

```
Private Sub Command1_Click()
    Dim a(1 To 5, 1 To 5) As Integer
    Dim i%, j%
    For i = 1 To 5
        For j = 1 To 5
            If   ①   Then
                a(i, j) = 1
            Else
                ②
            End If
            Print a(i, j);
        Next j
        ③
    Next i
End Sub
```

20. 下列程序的功能是：从键盘输入学生的人数，通过随机函数得到学生的成绩并输出，产生新转入的 2 个学生的成绩后再输出所有学生的成绩。将程序补充完整。

```
    ①
Private Sub Command1_Click()
    ②
    n = InputBox("请输入学生人数")
    Print "学生的成绩如下："
    ReDim a(n)
    For i = 1 To n
        a(i) =   ③
        Print a(i);
    Next i
    Print
    ④
    a(n + 1) = Int(101 * Rnd)
    a(n + 2) = Int(101 * Rnd)
    Print "转入 2 个学生之后的成绩表如下："
    For i = 1 To n + 2
        Print a(i);
    Next i
End Sub
```

第7章 常用控件

7.1 实 验

一、实验目的

1. 进一步理解控件的属性、事件和方法等概念。
2. 掌握控件基本操作以及控件的属性、方法的设置。
3. 掌握单选按钮、复选按钮、图片框、图像框等控件的使用方法。
4. 掌握单选按钮、复选按钮、图片框、图像框等控件的应用。

二、知识介绍

1. 单选按钮常用属性。

（1）Value 属性：表示单选按钮的被选状态。

True：被选中，也称为打开状态，图示为 。

False：未被选中，也称为关闭状态，图示为 ，默认值。

（2）Alignment 属性：表示控件与其标题的对齐方式。

0：单选按钮在左，标题在右，默认值。

1：单选按钮在右，标题在左。

（3）Caption 属性：设置单选按钮的文本注释内容，即单选按钮边上的文本标题。

（4）Style 属性：指定单选按钮的显示风格，用于改善视觉效果。

2. 复选框控件常用属性。

（1）Value 属性：表示复选框的状态。

0：未被选择，默认值。

1：已被选择。

2：图示变灰（变暗），表示禁止用户选择。

（2）Alignment 属性：表示控件与其标题的对齐方式。

0：复选框在左，标题在右，默认值。

1：复选框在右，标题在左。

3. 框架常用属性。

（1）Enabled 属性。

True：运行时框架内的所有对象用户能对它们进行操作，默认值。

False：则运行时框架呈现为灰色，框架内的所有对象均被屏蔽，用户不能对它们进行操作。

（2）Visible 属性。

True：运行时框架及其内部的所有控件全部可见，默认值。

False：则运行时框架及其内部的所有控件全部不可见。

（3）Caption 属性：框架左上角的标题文字。可以使用"&"建立快捷键。如果此属性值设置为空，则框架为封闭矩形形状。

（4）BorderStyle 属性。

属性值为 0：框架不显示边框和标题文字。

属性值为 1：正常显示，框架显示边框和标题文字（默认值）。

4. 滚动条。

（1）Value 属性。

Value 属性是滚动条最重要的属性，它反映了滚动滑块的位置。

（2）Min 属性。

Min 属性用于设定滚动条 Value 属性的最小取值，即滚动块位于 HscrollBar 控件的最左端或 VscrollBar 控件的最上端时所代表的值。

（3）Max 属性。

Max 属性用于设定滚动条 Value 属性的最大取值，即滚动块位于 HscrollBar 控件的最右端或 VscorllBar 控件的最下端时所代表的值。

默认情况下，若未对 Max 和 Min 属性进行设置，Value 属性的取值在 −32768 ～ 32767 之间。默认设置值：Max 为 32767，Min 为 0。若希望垂直滚动条的滚动滑块向上移动时 Value 属性值递增，可以设定 Max 属性值小于 Min 属性值。

（4）SmallChange 属性。

SmallChange 属性值确定用户用鼠标单击滚动条两端箭头键时，Value 属性值的变化量。

（5）LargeChange 属性。

LargeChange 属性值确定用户用鼠标滚动条中滚动滑块与两端箭头键之间的空白部分时，Value 属性值的变化量。

5. 图片框。

（1）Picture 属性。

该控件要显示的图片由 Picture 属性决定。Picture 属性可设置被显示的图片文件名（包括可选的路径名）。在代码中可以 LoadPicture() 在图片框中装载图形文件，其格式如下：

```
<图片框控件名>.Picture=LoadPicture("图形文件名")
```
（2）AutoSize 属性。

Picture 控件可以用图片框 AutoSize 属性调整图片框的大小以适应图片的大小。当 AutoSize 设置 True 时，图片框能够自动调整大小与显示的图片相匹配；当 AutoSize 设置 False 时，图片框不能自动调整大小来适应其中的图片，加载到图片框中的图片保持原始尺寸，这就意味着如果图片比图片框大，则超过的部分将被剪裁掉。

6. 图像框。

在窗体上使用图像框的步骤与图片框相同，很多属性都相同，只是图像框没有 AutoSize 属性，但有 Stretch 属性。

Stretch 属性设置为 False 时，图像框可自动改变大小以适应其中的图片。

Stretch 属性设置为 True 时，加载到图像框的图片可自动调整尺寸以适应图像框的大小。如果图像框内装入的图形较大，在窗体比较小的情况下，图像框的边界会被窗体的边界截断。

7. 计时器。

（1）Interval 属性。

Interval 属性返回或设置计时器控件的 Timer 事件响应所需间隔的毫秒（0.001 秒）数。设置的时间间隔（以毫秒计），在 Timer 控件 Enabled 属性设置为 True 时开始有效。

（2）Enabled 属性。

Enabled 属性决定计时器控件是否有效。当 Enabled 属性值为 True(默认值)时，激活计时器开始计时；当 Enabled 属性值为 False 时，计时器处于休眠状态，不计时。

（3）常用事件。

计时器控件只有一个事件 Timer，也就是控件对象在间隔了一个 Interval 设定的时间后所触发的事件。无论何时，只要计时器控件的 Enabled 属性被设置为 True 而且 Interval 属性大于 0，则 Timer 事件以 Interval 属性指定的时间间隔发生。

三、实验示例

【例 7-1】编程计算电话费，收费标准如下：通话时间在 3 分钟以下，收费 0.2 元；3 分钟以上，每超过 1 分钟加收 0.1 元，不足 1 分钟以 1 分钟计算。要求实时显示通话计时、通话费用。

分析：开始通话时，记录通话的开始时间；然后实用当前的时间去减去通话的开始时间，得到一个时间差（即通话时间）；将通话时间转化为计时分钟；最后根据计时分钟，计算通话收费。为了从时间差中得到计时分钟，可以用 Hour 函数得到小时，用 Minute 函数得到分钟，用 Second 函数得到秒，再用小时 *60 + 分钟，得到计时分钟，如秒不为 0，则需加 1 分钟。

至于通话收费，3 分钟以内，固定收 0.2 元；超过 3 分钟，可用下列公式计算：0.2 +（计时分钟 - 3)*0.1。

（1）设计应用界面。

在窗体上添加 4 个标签 Label1 ～ Label4，两个命令按钮 Command1、Command2，两个计时器控件，4 个文本框。

（2）设置对象属性，如表 7-1 所示，设计界面如图 7-1 所示。

表 7-1　　　　　　　　　　　　例 7-1 属性设置

控 件 名	属 性 名	属 性 值	说 明
Form1	Caption	计算电话费	
Command1	Caption	开始通话	单击时开始计时
Command2	Caption	结束通话	单击时结束通话
Label1	Caption	开始时间	
Label2	Caption	通话计时	
Label3	Caption	通话费用	

续表

控 件 名	属 性 名	属 性 值	说 明
Label4	Caption	当前时间	
Text1	Text	" "	设置为空
Text2	Text	" "	设置为空
Text3	Text	" "	设置为空
Text4	Text	" "	设置为空
Timer1	Interval	1000	时间间隔为 1 秒
	Enabled	False	初始状态不计时
Timer2	Interval	1000	时间间隔为 1 秒
	Enabled	true	显示时间

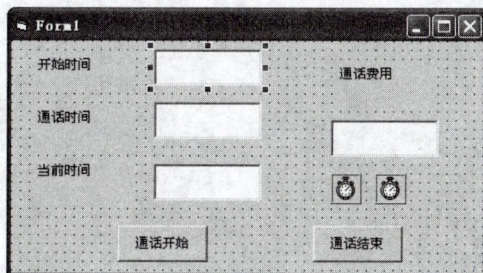

图 7-1 例 7-1 设计界面

（3）编写事件代码。

```
'首先在通用声明中，声明窗体模块级变量
Dim t1 As Date                      't1 为通话开始时间
Dim t2 As Date                      't2 为通话结束时间
Dim t3 As Date                      't3 为通话计时
Dim hh As Integer                   '通话的小时数
Dim mm As Integer                   '通话的分钟数
Dim ss As Integer                   '通话的秒数
Dim m As Integer                    '通话计时的分钟数
'单击开始通话命令按钮 Command1 的 Click 事件代码
Private Sub Command1_Click()
    Timer2.Enabled = False
     Timer1.Enabled = True          '开始计时
     t1 = Time
     Text1.Text = t1
End Sub
'单击结束通话命令按钮 Command2 的 Click 事件代码
Private Sub Command2_Click()
    Timer1.Enabled = False
    Label4.Caption = "结束时间"      '结束计时
End Sub
```

```
'计时器控件 Timer1 的 Timer 事件代码
Private Sub Timer1_Timer()
    t2 = Time
    t3 = t2 - t1
    Text2.Text = CStr(t3)                       '通话计时
    hh = Hour(t3)                               '得到通话的小时数
    mm = Minute(t3)                             '得到通话的分钟数
    ss = Second(t3)                             '得到通话的秒数
    If ss = 0 Then
     m = hh * 60 + mm
    Else
     m = hh * 60 + mm + 1                       '1 分钟以内以 1 分钟计算
    End If
    Select Case m
      Case Is <= 3
        Text3.Text = "0.2元"                    '3 分钟以内收 0.2 元
      Case Is > 3
        Text3.Text = Format(0.2 + (m - 3) * 0.1, "0.00元")
                                                '超过 3 分钟，每分钟加收 0.1 元
    End Select
    Text4.Text = Time
End Sub
'计时器控件 Timer1 的 Timer 事件代码
Private Sub Timer2_Timer()
    Text1.Text = Time
End Sub
```

（4）运行结果如图 7-2 所示。

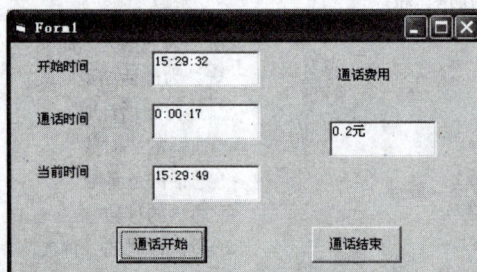

图 7-2　例 7-1 运行结果

【例 7-2】编写程序，该程序能够根据选项自动出题，完成简单的加减乘法运算，并能够自动评分。

（1）设计应用界面。

在窗体上添加 5 个标签 Label1 ~ Label5，3 个命令按钮 Command1、Command2 和 command3，2 个框架，7 个单选按钮，前 3 个单选按钮属于框架 1，后 4 个属于框架 2。注意创建时先选中框架再创建单选按钮。

（2）设置对象属性（见表 7-2），设计界面如图 7-3 所示。

表 7-2　　　　　　　　　　　　　例 7-2 属性设置

控 件 名	属 性 名	属 性 值	说 明
Form1	Caption	计算测试	
Command1	Caption	退出	
Command2	Caption	出题	出下一题
Command3	Caption	批改	判断正误
Label1	Caption		用于放第一个数
Label2	Caption		用于放运算符
Label3	Caption		用于放第二个数
Label4	Caption	=	等号
Label5	Caption		用于表示对错
Text1	Text		用于写答案
Frame1	Caption	选择复杂度	
Frame2	Caption	选择运算符	
Option1	Caption	简单	
Option2	Caption	中等	
Option3	Caption	复杂	
Option4	Caption	加法	
Option5	Caption	减法	
Option6	Caption	乘法	
Option7	Caption	除法	

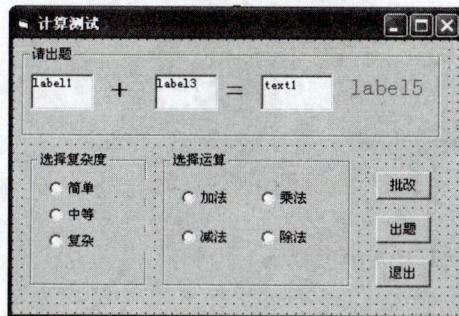

图 7-3　例 7-3 设计界面

（3）编写事件代码。

```
Dim t As String
Private Sub Command1_Click()                              '结束程序
    End
End Sub


Private Sub Command2_Click()                              '出题
    Text1.SetFocus
    Text1.Text = ""
```

```vb
    Label5.Caption = ""
    Select Case True                                          ' 表达式为 True
    Case Option1.Value
      Label1.Caption = Str(Int(Rnd * 11))                     ' 简单运算，数据在 [ 0，10]
      Label3.Caption = Str(Int(Rnd * 11))
    Case Option2.Value
      Label1.Caption = Str(Int(Rnd * 91 + 10))                ' 中等难度运算，数据在 [ 10，100]
      Label3.Caption = Str(Int(Rnd * 91 + 10))
    Case Option3.Value
      Label1.Caption = Str(Int(Rnd * 901 + 100))              ' 复杂运算，数据在 [ 100，1000]
      Label3.Caption = Str(Int(Rnd * 901 + 100))
    End Select
    If Option4.Value Then                                     ' 选择该按钮，做加法运算
        Label2.Caption = "+"
    ElseIf Option5.Value Then
        Label2.Caption = "-"                                  ' 选择该按钮，做减法运算
        If Val(Label3.Caption) > Val(Label1.Caption) Then     ' 大数放前面
          t = Label3.Caption
          Label3.Caption = Label1.Caption
          Label1.Caption = t
        End If
    ElseIf Option6.Value Then
        Label2.Caption = "*"                                  ' 选择该按钮，做乘法运算
    ElseIf Option7.Value Then
        Label2.Caption = "/"                                  ' 选择该按钮，做除法运算
        If Label3.Caption = 0 Then
          MsgBox "除数不能为零"
          Label1.Caption = ""
          Label3.Caption = ""
        End If
    End If
End Sub
    ' 判断答案是否正确
Private Sub Command3_Click()
    If Text1.Text = "" Then
      MsgBox "请输入计算结果！", vbOKOnly, "提示"
      Text1.SetFocus
      Exit Sub
    End If
    Select Case True
    Case Option4.Value                                        ' 如果选择的是加法
      If Val(Text1.Text) = Val(Label1.Caption) + Val(Label3.Caption) Then
          Label5.Caption = "√"
      Else
          Label5.Caption = "×"
      End If
    Case Option5.Value                                        ' 如果选择的是减法
      Val(Text1.Text) = Val(Label1.Caption) - Val(Label3.Caption) Then
          Label5.Caption = "√"
```

```
         Else
            Label5.Caption = "×"
         End If
      Case Option6.Value                          '如果选择的是乘法
        If Val(Text1.Text) = Val(Label1.Caption) * Val(Label3.Caption) Then
            Label5.Caption = "√"
         Else
            Label5.Caption = "×"
         End If
      Case Option7.Value                          '如果选择的是除法
         If Val(Text1.Text) = Val(Label1.Caption) / Val(Label3.Caption) Then
            Label5.Caption = "Label4  Caption =   等号"
         End If
      End Select
End Sub
'初始化界面
Private Sub Form_Load()
   Randomize
   Option1.Value = True
   Option4.Value = True
   Label1.Caption = Str(Int(Rnd * 11))
   Label3.Caption = Str(Int(Rnd * 10 + 1))
End Sub


Private Sub Option1_Click()                       '简单运算，数据在[ 0, 10]
   Text1.Text = ""
   Label5.Caption = ""
   Label1.Caption = Str(Int(Rnd * 11))
   Label3.Caption = Str(Int(Rnd * 11))
End Sub


Private Sub Option2_Click()                       '中等难度运算，数据在[ 10, 100]
   Text1.SetFocus
   Text1.Text = ""
   Label5.Caption = ""
   Label1.Caption = Str(Int(Rnd * 91 + 10))
   Label3.Caption = Str(Int(Rnd * 91 + 10))

End Sub


Private Sub Option3_Click()                       '复杂运算，数据在[ 100, 1000]
   Text1.SetFocus
   Text1.Text = ""
   Label5.Caption = ""
   Label1.Caption = Str(Int(Rnd * 901 + 100))
   Label3.Caption = Str(Int(Rnd * 901 + 100))
End Sub


Private Sub Option4_Click()                       '选择该按钮，做加法运算
```

```
        Text1.Text = ""
        Label5.Caption = ""
        Label2.Caption = "+"
    End Sub

    Private Sub Option5_Click()              '选择该按钮，做减法运算
        Text1.SetFocus
        Text1.Text = ""
        Label5.Caption = ""
        Label2.Caption = "-"
        If Val(Label3.Caption) > Val(Label1.Caption) Then
            t = Label3.Caption
            Label3.Caption = Label1.Caption
            Label1.Caption = t
        End If
    End Sub

    Private Sub Option6_Click()              '选择该按钮，做乘法运算
        Text1.SetFocus
        Text1.Text = ""
        Label5.Caption = ""
        Label2.Caption = "*"
    End Sub

    Private Sub Option7_Click()              '选择该按钮，做除法运算
        Text1.SetFocus
        Text1.Text = ""
        Label5.Caption = ""
        Label2.Caption = "/"
    End Sub
```

（4）运行程序，部分程序如图 7-4 所示。

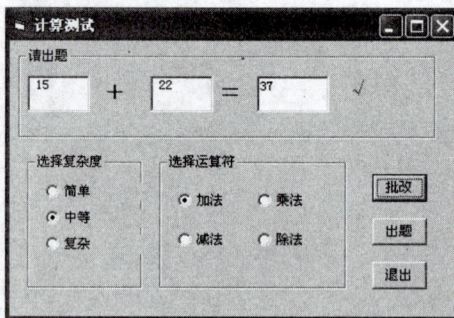

图 7-4　例 7-2 运行结果

【例 7-3】设计一个调色板，通过滚动条调整显示区域的颜色。

分析：要改变颜色，我们最常用的方法是调用 RGB 函数，函数的 3 个参数的值由滚动条来获得，即 RGB(HScroll1.Value, HScroll2.Value, HScroll3.Value)。

（1）设计应用界面。

在窗体上建立 3 个水平滚动条、3 个标签、1 个框架和 1 个文本框。它们的属性设置见表 7-3。

（2）设置对象属性（见表 7-3），设计界面如图 7-5 所示。

表 7-3　　　　　　　　　　　　例 7-3 属性设置

控 件 名	属 性 名	属 性 值
Label1	Caption	红色值：
Label2	Caption	绿色值：
Label3	Caption	蓝色值：
HScroll1、HScroll2、HScroll2	Max	255
	Min	0
	SmallChange	5
	LargeChange	10
	Value	0
Text	BackColor	
Frame	Caption	颜色区

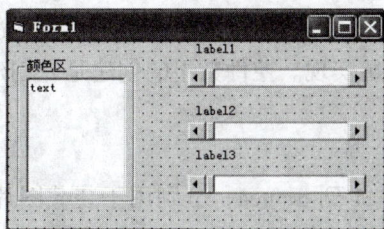

图 7-5　例 7-3 设计界面

（3）编写事件代码。

```
Private Sub Form_Load()
    Text1.BackColor = RGB(HScroll1.Value, HScroll2.Value, HScroll3.Value)
    Label1.Caption = "红色值: " & HScroll1.Value
    Label2.Caption = "绿色值: " & HScroll2.Value
    Label3.Caption = "蓝色值: " & HScroll3.Value
End Sub
Private Sub HScroll1_Change()
    Text1.BackColor = RGB(HScroll1.Value, HScroll2.Value, HScroll3.Value)
    Label1.Caption = "红色值: " & HScroll1.Value
End Sub
Private Sub HScroll1_Scroll()
    Text1.BackColor = RGB(HScroll1.Value, HScroll2.Value, HScroll3.Value)
    Label1.Caption = "红色值: " & HScroll1.Value

End Sub
```

```
Private Sub HScroll2_Change()
    Text1.BackColor = RGB(HScroll1.Value, HScroll2.Value, HScroll3.Value)
    Label2.Caption = " 绿色值: " & HScroll2.Value
End Sub
Private Sub HScroll2_Scroll()
    Text1.BackColor = RGB(HScroll1.Value, HScroll2.Value, HScroll3.Value)
    Label2.Caption = " 绿色值: " & HScroll2.Value
End Sub
Private Sub HScroll3_Change()
    Text1.BackColor = RGB(HScroll1.Value, HScroll2.Value, HScroll3.Value)
    Label3.Caption = " 蓝色值: " & HScroll3.Value
End Sub
Private Sub HScroll3_Scroll()
    Text1.BackColor = RGB(HScroll1.Value, HScroll2.Value, HScroll3.Value)
    Label3.Caption = " 蓝色值: " & HScroll3.Value
End Sub
```

（4）运行结果如图 7-6 所示。

【例 7-4】设计一个程序，通过单选按钮调入不同的鲜花，并在文本框中显示花的名字，并且可以选择单选按钮设置文本的字体、字号和修饰。

分析：我们知道，在选项组中使用单选按钮，用户只能选择其中的一项，当其中的一项被选中，其他选择按钮都被置于关闭状态。因此，在设计时，我们必须选择把字体、字号和字体修饰等分成几组，根据我们所学的知识，可以通过框架来实现。为了进一步巩固所学知识，我们把字体、字号和字体修饰等控件用数组实现。控件数组的创建是先创建一个控件后，通过复制和粘贴来完成的。

（1）设计应用界面。

在窗体上建立 4 个框架 frame1 到 frame4，分别用于装载图片和设置设置文本的字体、字号和修饰。在第 1 个框架里创建两个单选按钮，在第 2 个、第 3 个框架中创建两个单选按钮控件数组，在第 4 个框架里创建一个复选按钮的控件数组。界面设计如图 7-7 所示。

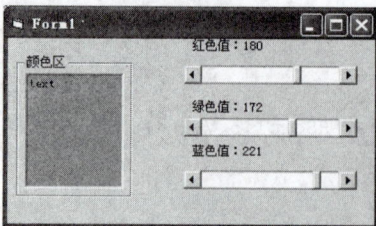

图 7-6　例 7-3 运行结果　　　　图 7-7　例 7-4 设计界面

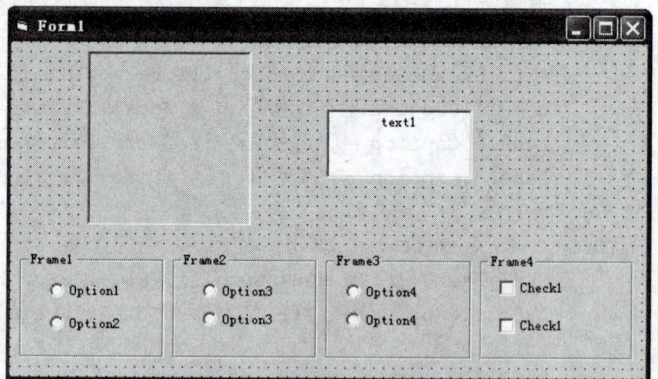

（2）设置对象属性（见表 7-4）。

表 7-4   例 7-4 属性设置

控 件 名	属 性 名	属 性 值
Text1	Text	""
	alignment	2
Frame1	Caption	装载图片
Frame2	Caption	设置字体
Frame3	Caption	设置字号
Frame4	Caption	字体修饰
Option1	Caption	郁金香
Option2	Caption	荷花
Option3（0）	Caption	黑体
Option3（1）	Caption	楷体
Option4（0）	Caption	14 号
Option4（1）	Caption	20 号
Check1（0）	Caption	下划线
Check1（1）	Caption	删除线
Image1	Autosize	True

（3）编写事件代码。

```
' 装载郁金香图片
Private Sub Option1_Click()
    Picture1.Picture = LoadPicture("E:\2009VB 写作 \10-4 文稿 \7\sy\p1.jpg")
    Text1.Text = " 郁金香 "
End Sub
' 装载荷花图片
Private Sub Option2_Click()
    Picture1.Picture = LoadPicture("E:\2009VB 写作 \10-4 文稿 \7\sy\p2.jpg")
    Text1.Text = " 荷花 "
End Sub
' 设置字体
Private Sub Option3_Click(Index As Integer)
    Select Case Index
    Case 0
        Text1.FontName = " 黑体 "
    Case 1
        Text1.FontName = " 楷体 _GB2312"
    End Select
End Sub
' 设置字号
Private Sub Option4_Click(Index As Integer)
    Select Case Index
    Case 0
        Text1.FontSize = 14
    Case 1
```

```
        Text1.FontSize = 20
    End Select
End Sub
'设置字体修饰
Private Sub Check1_Click(Index As Integer)
    If Check1(0).Value = 1 Then
      Text1.FontUnderline = True              '设置下划线
    Else
      Text1.FontUnderline = False
    End If
    If Check1(1).Value = 1 Then               '设置删除线
      Text1.FontStrikethru = True
    Else
      Text1.FontStrikethru = False
    End If
End Sub
```

（4）运行结果如图 7-8 所示。

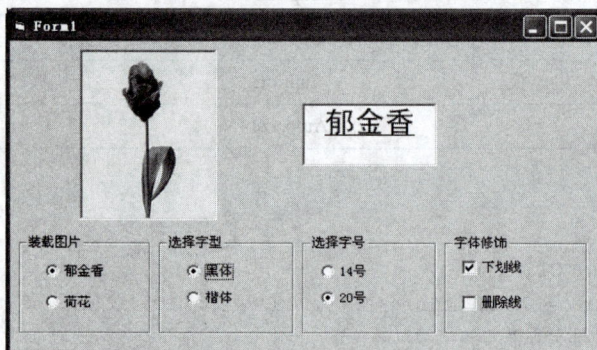

图 7-8　例 7-4 运行结果

四、上机实验

1. 编写一程序，在窗体上创建一文本框，通过选择，我们可以改变文本框的字体以及字体颜色和背景色。运行结果如图 7-9 所示。

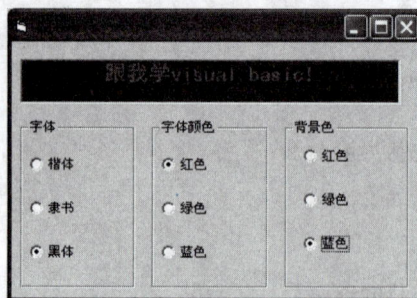

图 7-9　上机实验 1 运行结果

2. 我校组织的全国计算机等级考试（NCRE），根据各工作岗位使用计算机的不同要求常设有：一级主要考查微机的基础知识和办公软件操作能力即 OFFICE 考试采用无纸化上机考试的形式；二级考核应试者软、硬件基础知识和使用一种高级计算机程序设计语言（Visual Basic、Visual FoxPro、C++）编制程序、上机调试的能力；三级分 A、B 类，A 类考核计算机应用基础知识和计算机硬件系统开发的初步能力，B 类考核计算机应用基础知识和计算机软件系统开发的初步能力。

根据以上要求编写一简单考试报名程序，界面如图 7-10 所示，并且在报名过程中把光标放在选项上，可以弹出对该选项的解释，如图 7-11 所示。单击"确定"按钮，会弹出报名者的填写信息，以便确定，如图 7-12 所示（提示属性 ToolTipText 用于当光标停留在控件上时显示提示信息。例如：Option6.ToolTipText = "A 类考核计算机应用基础知识和硬件系统开发的初步能力 "）。

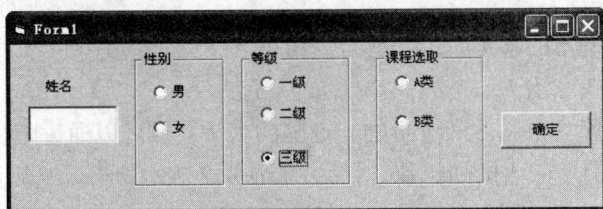

图 7-10　上机实验 2 运行界面

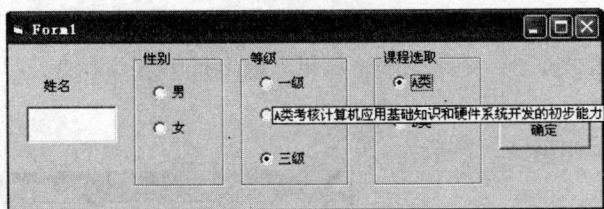

图 7-11　上机实验 2 运行界面中的显示信息　　　图 7-12　上机实验 2 的运行结果

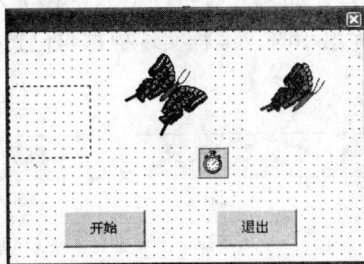

3. 编写一个一分钟倒计时的应用程序，运行结果如图 7-13 所示。

4. 用时钟控件和选择结构语句控制蝴蝶在窗体内飞舞。找两张翅膀一张一开的"蝴蝶"图片，用定时器去控制它们交替出现，且在窗体中移动，这样蝴蝶就飞舞起来了，再用条件语句去控制它一旦飞出窗体时，就把它移动在窗体的左边，重新开始飞舞。设计界面和运行结果如图 7-14、图 7-15 所示。

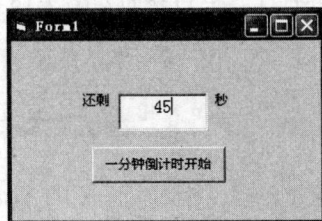

图 7-13　上机实验 3 的运行结果　　　图 7-14　上机实验 4 的设计界面

5. 编程，利用滚动条来控制图片（可以自己选择任一图片）的放大和缩小，运行界面如图 7-16 所示。

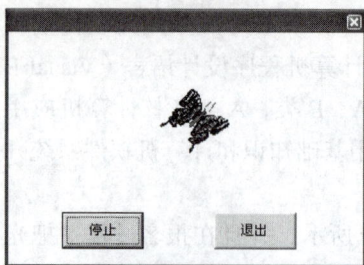

图 7-15　上机实验 4 的运行结果

图 7-16　上机实验 5 的运行界面

6. 编程实现猜拳游戏。

猜拳规则。

（1）猜拳包括 3 个基本的拳（石头，剪刀，布）。

（2）胜负规则：石头 > 剪刀，剪刀 > 布，布 > 石头。

提示：猜拳是在玩家和电脑之间进行的。电脑的出拳我们可以通过随机输函数 Rnd，利用公式 Int(Rnd*3) + 1 生成 [1～3] 的随机数，1 表示石头，2 表示剪刀，3 表示布，然后根据再来胜负规则，利用选择结构语句来编程。

如果玩家出石头，剪刀，布的一种，电脑出石头，剪刀，布的一种，那么就有 9 种组合规则，因此这里就需要用到选择语句的嵌套结构。

第一种情况：当玩家的出拳是石头时

如果电脑出石头，结果为平；如果电脑出剪子，结果为赢；如果电脑出布，结果为输。

第二种情况：当玩家的出拳是是剪子时

如果电脑出石头，结果为输；如果电脑出剪子，结果为平；如果电脑出布时，结果为赢。

第二种情况：当玩家的出拳是布时

如果电脑出石头时，结果为赢；如果电脑出剪子，结果为输；如果电脑出布，结果为平。

运行界面如图 7-17 所示。

7. 表 7-5 所示为一个自助游价目表（单位为元），在旅游旺季 7 月～9 月，如果人数超过 10(含 10) 人，优惠价格的 15%；10 人以下优惠价格的 5%。在旅游淡季 1 月～4 月、

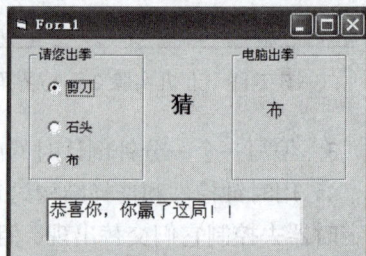

图 7-17　上机实验 6 的运行界面

11 月、12 月，如果人数超过 10(含 10) 人，优惠价格的 30%；10 人以下优惠价格的 20%。其他情况一律优惠 10%。编程实现根据自己选择的方式自助游预算程序，运行界面如图 7-18 所示。

表 7-5　自助游价目表

目 的 地	火车票价	飞机票价	三星宾馆	四星宾馆	五星宾馆
上海	210	560	180	280	380
昆明	520	1560	160	260	360
北京	320	880	220	320	420

8. 设计一公益广告牌，要求广告词在窗体内从左往右移动，并不断改变字体颜色。运行界面如图 7-19 所示。

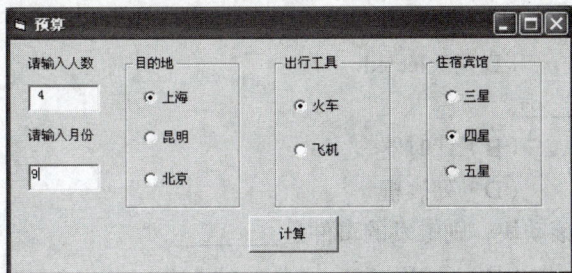

图 7-18　上机实验 7 的运行界面　　　　　　　图 7-19　上机实验 8 的运行界面

7.2　习　　题

一、选择题

1. 下列可以把 C 盘根目录下的图形文件 xxl.jpg 装入图片框中的语句为_____。

（A）picture = "xxl.jpg"

（B）picturel.handle = "xxl.jpg"

（C）picturel.picture = LoadPicture（"c:\xxl.jpg"）

（D）picturel = LoadPicture（"pic1.jpg"）

2. 复选框的 Value 属性为 1 时，表示_____。

（A）复选框未被选中　　　　　　　　（B）复选框被选中

（C）复选框内有灰色的钩　　　　　　（D）复选框操作有错误

3. 框架内的所有控件是_____。

（A）随框架一起移动、显示、消失和屏蔽

（B）不随框架一起移动、显示、消失和屏蔽

（C）仅随框架一起移动

（D）随框架一起显示和消失

4. 为了暂时关闭计时器，应把该计时器的某个属性设置为 False，这个属性是_____。

（A）Enabled　　　　　　　　　　　（B）Timer

（C）Visible　　　　　　　　　　　　（D）Interval

5. 时钟控件的时间间隔是_____。

（A）以毫秒计　　　　　　　　　　　（B）以分钟计

（C）以秒计　　　　　　　　　　　　（D）以小时计

6. 设计动画时通常使用时钟控件_____来控制动画速度。

（A）Enabled　　　　　　　　　　　（B）Interval

（C）Timer　　　　　　　　　　　　（D）Move

7. 程序运行时，单击水平滚动条右边的箭头，滚动条的 Value 属性值将_____。

（A）增加一个 SmallChange 量　　　　（B）减少一个 SmallChange 量

（C）增加一个 LargeChange 量　　　　（D）减少一个 LargeChange 量

8. 复选框对象是否被选中，可由其_____属性判断。

（A）Checked （B）Value

（C）Enabled （D）Selected

9. 以下控件中，有 Caption 属性的是_____。

（A）单选按钮 （B）计时器

（C）滚动条 （D）列表框

10. 在程序运行时，如果拖动滚动条上的滚动块，则触发的事件是_____。

（A）Move （B）GetFocus

（C）Scroll （D）Change

11. 计时器控件，如果希望每秒产生 10 个事件，则要将 Interval 属性的值设置为_____。

（A）10 （B）100

（C）1000 （D）10000

12. 下列控件中，没有 AutoSize 属性的是_____。

（A）标签 （B）文本框

（C）图片框 （D）图像框

13. 可以使用_____属性在图片框或图像框中显示图形。

（A）Picture （B）Image

（C）Icon （D）DownPicture

14. 若要获得滚动条的当前位置，可以通过访问_____属性来实现。

（A）Value （B）Max

（C）Min （D）LargeChange

15. 当用鼠标拖动滚动块时触发_____事件。

（A）Move （B）Change

（C）Scroll （D）GotFocus

16. 在窗体上放置 1 个文本框 Text1，编写事件过程：

```
Private Sub Text1_KeyPress(KeyAscii As Integer)
  Dim str As String
  str = Chr(KeyAscii)
  KeyAscii = Asc(UCase(str))
  Text1.Text = String(2, KeyAscii)
End Sub
```

程序运行后，若在键盘上输入字母"b"，则在文本框 Text1 中显示的内容是_____。

（A）bbb （B）BBB

（C）BB （D）bb

17. 设有名称为 VScroll1 的垂直滚动条，其 Max 属性为 100，Min 属性为 50，则能正确设置滚动条 Value 属性值的语句是_____。

（A）VScroll1.Value = 100 （B）VScroll1.Value = 30

（C）VScroll1.Value = 4*30 （D）VScroll1.Value = -50

18. 在窗体上画一个文本框和一个计时器控件，名称分别为 Text1 和 Timer1，在属性窗口中把计时器的 Interval 属性设置为 1000，Enabled 属性设置为 False，程序运行后，如果单击命令按钮，则每隔一秒钟在文本框中显示一次当前的时间。以下是实现上述操作的程序：

```
Private Sub Command1_Click()
        Timer1._____
End Sub
Private Sub Timer1_Timer()
        Text1.Text = Time
End Sub
```
Timer1 控件的属性及值为_____。

（A）Enabled=True   （B）Enabled=False

（C）Visible=True   （D）Visible=False

如果选中单选框 Option 1，则文本字体为宋体，如果选中单选框 Option 2，则文本字体为黑体。其代码如下：

```
Private Sub Option1_Click( )
    Text1.FontName=_____
End Sub
Private Sub Option2_Click( )
    Text1.FontName=_____
End Sub
```

二、填空题

1. 图片框内可使 PictureBox 根据图片调整大小的属性为_____，图像框为_____，若使 Image 控件可根据图片调整大小，该属性值应为_____。

2. 执行_____语句，可以清除 Picture1 图片框内的图片。

3. 滚动条响应的重要事件有_____和 Change，滚动条产生 Change 事件是因为其值变了。

4. 如果要每隔 15s 产生一个计时器事件，则 Interval 属性应设置为_____，_____函数将返回系统的时间。

5. 为了在运行时把当前路径下的图形文件 picturefile.jpg 装入图片框 Picture1，所使用的语句为_____。

6. 若要清除当前窗口的文本内容使用的方法是_____；若要清除立即窗口的文本内容使用的方法为_____；若要清除图片框 Picture 的图形或文本使用的方法为_____。

7. 把当前窗体移动到屏幕左上角使用的方法为_____；把命令按钮 Command1 移到（800,800）处，并把该命令按钮的宽度和高度分别改为 1200 和 600 使用的方法为_____；把窗体 Form1 移到（750,750）处，并把 Form1 的宽度和高度分别改为屏幕一半使用的方法为_____。

8. 在程序中设置当前窗口的字体属性为楷体使用的语句为_____。

9. 在程序中设置命令按钮 Command1 的字体属性为黑体使用的语句为_____。

10. 字体的大小以点数为单位，系统默认为 8.25 点，相当于_____号字。点数越大字越_____。

11. 在图片框上放置的控件称为图片框的_____对象，而窗体是图片的_____对象。

12. 若使图片框自动调整大小以适应装入的图形，则要设置 Autosize 属性的值为_____。

13. 要在图片框上显示一些文本内容使用_____方法。

14. 设置框架上的文本内容需要使用_____属性。

15. 在框架上可以设置一组控件，这些控件作为框架的_____控件对象。

16. 若屏蔽框架上的控件对象，则需设置_____属性的值为 False。

17. 若使框架不可见，则需要设置 Visible 属性的值为_____。

18. 若要设置当用鼠标单击两个滚动箭头之间区域的滚动幅度，需使用_____属性。

19. 若要设置水平或垂直滚动条的最小值，需使用_____属性。

20. 计时器每经过一个由 InterVal 属性指定的时间间隔就会触发一次_____事件。

21. 要使计时器每半钞钟触发一次 Timer 事件，则要把 InterVal 属性值设置为_____。

22. 在窗体上画一个标签（名称为 Label1）和一个计时器（名称为 Timer1），然后编写如下几个事件过程。程序运行后，单击窗体，将在标签中显示当前时间，每隔 1 秒钟变换一次，请填空。

```
Private Sub Form_Load()
    Timer1.Enabled = False
    Timer1.Interval =_____
End Sub
Private Sub Form_Click()
    Timer1.Enabled =_____
End Sub
Private Sub Timer1_Timer()
    Label1.Caption =_____
End Sub
```

23. 在下列事件过程中，如果选中复选框 Check1，则文本变成斜体，如果选中复选框 Check2，则 Text1 的背景色变成蓝色，否则变为黑色。

```
Private Sub Check1_Click( )
    If Check1.Value=1 Then
        Text1. FontItalic=_____
      Else
        Text1.FontItalic=False
      End  If
End Sub
Private Sub Check2_Click( )
    If Check2.Value=1 Then
        Text1._____=vbBlue
      Else
        Text1._____=vbBlack
      End  If
End.Sub
```

第8章
过程

8.1 实　　验

一、实验目的

1. 掌握自定义函数过程、子过程的定义和调用方法。
2. 掌握形参和实参的对应关系。
3. 掌握值传递和地址传递的传递特点和方式。
4. 掌握变量、函数和过程的作用域。
5. 掌握递归的概念和使用方法。

二、知识介绍

1. 过程的概念。

VB 的程序是由若干个过程构成的，除了 VB 系统提供的大量内部函数过程和事件过程之外，VB 系统还允许用户根据各自的需要自定义过程，这样就可以使程序结构简练、高效、易于调试和维护。

2. 两类过程的定义和调用。

（1）函数过程。

① 定义格式。

```
[Static|Private|Public] Function <函数过程名>([形参表])[As <类型>]
     <语句序列>
     [函数过程名=表达式]
     [Exit Function]
     <语句序列>
     [函数过程名=表达式]
End Function
```

② 虚参说明。

- 函数过程名：取名规则与变量名相同，其中也可以包含类型说明符。
- 虚参表格式：

```
[ByVal]<变量>[()][As <类型>][,[ByVal]<变量>[()][As <类型>]…]
```

③ 功能。

调用时，可以通过函数名返回一个值。

④ 调用方式。

函数过程的调用方式与内部函数的调用方式相同，即形如

<函数过程名>([实参表])

⑤ 使用说明。

- 函数中的变量有两种：Dim 说明的及未说明的，这些是局部变量。
- 函数可以出现在表达式中，但是函数名后的括号不能省略。
- 自定义函数的定义中不允许进行嵌套定义。
- 调用时实参与虚参的数据类型、顺序、个数必须匹配。
- 函数过程名在过程体中应至少赋值一次。

（2）子过程。

① 定义格式。

```
[Private|Public|Static] Sub <过程名>([形参表])
    <语句序列>
    [Exit Sub]
    <语句序列>
End Sub
```

② 虚参说明。

- 过程名：取名规则与变量名相同，但是无类型，它仅仅表示子过程的名字而已。
- 虚参表格式：与函数过程的形参表格式相同。

③ 调用方式。

- 在调用时用 Call 语句实现。

Call <过程名>[(实参表)]

- 在调用时直接用过程名实现。

<过程名> [实参表]

④ 使用说明。

- 过程名在过程体内不允许与数据发生联系。
- 调用时实参与虚参的数据类型、顺序、个数必须匹配。
- 若实现的是无参调用，则应省略实参表及外面的括号。

（3）说明。

① Function 与 End Function、Sub 与 End Sub 是各自过程的开始和结束的标志。

② 在 Function、Sub 之前可以加 Private、Public 或 Static，其中：

- Public 表示全局说明，说明此过程可以在整个程序范围内被调用。
- Private 表示局部说明，说明此过程只能在本窗体或模块中调用。
- Static 表示静态说明，表示此过程中的局部变量在过程被调用后其值将依然被保留，直至此过程被再次调用时作为初始值使用。

③ 在调用函数过程后，可以通过函数名返回结果；在调用子过程后，可以通过虚参与实参的结合返回多个结果。

3. 参数传递。

在调用一个过程时，必须将实际参数传给过程，以完成虚参与实参的结合，而后用实参执行所调用的过程。

虚参是在 Sub、Function 过程的定义中出现的变量名，实参则是在执行 Sub、Function 过程

时传递给 Sub、Function 过程的常量、变量、表达式或数组。在 VB 中，参数的传递有两种方式：地址传递和值传递。

（1）地址传递。

地址传递是大多数语言处理子程序调用时使用的方式。在 VB 中，默认的传递方式就是按地址传递。

特点：

① 当使用地址传递方式时，参数用过程变量的内存地址去访问实际变量的内容，将变量传递给过程时，通过过程可以改变变量的值。

② 若传递参数指定数据类型时，就必须将此种数据类型的数据传递给参数。

③ 地址传递是一种双向的数据传递，即调用时将实参数据传递给形参，而调用结束后由形参将操作处理的结果返回给实参。因此，若实参需得到返回的结果时，应确保实参是变量或数组，而不能是常量和表达式。

（2）值传递。

值传递是传递实参的值而不是传递它的内存地址，因此，先将需要传递的变量复制到一个临时单元中，然后将该单元的地址传递给被调用的过程，而由于过程未访问实参的原始地址，因而不会改变原变量的值，所有的变化都在变量的副本上进行。

特点：

① 若实参是常量、表达式形式时，系统将自动采取值传递。

② 若实参是变量或数组形式时，然而需采用值传递，那么可对实参采用以下方式之一。

- 以 ByVal 限制说明实参。
- 将实参用一对括号括起来。
- 将实参进行加 0 或乘以 1 的操作。

例：按值传递参数实验。

```
Private Sub Command1_Click()
    Dim a As Integer
    a = 1
    Print "调用过程前：a=" & a
    Call sub1(a)
    Print "调用过程后：a=" & a
End Sub
Private Sub sub1(ByVal x As Integer)
    x = x + 10
End Sub
```

运行的结果显示调用前后的变量 a 的值是相同的（如图 8-1 所示）。

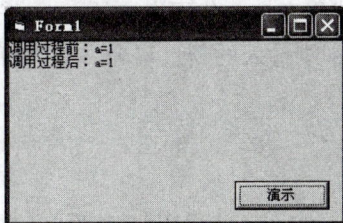

图 8-1　按值传递实验

例：按地址传递参数实验。

```
Private Sub Command1_Click()
    Dim a As Integer
    a = 1
    Print "调用过程前：a=" & a
    Call sub2(a)
    Print "调用过程后：a=" & a
End Sub
Private Sub sub2(x As Integer)
    x = x + 10
End Sub
```

运行的结果显示调用前后变量 a 的值是不同的（如图 8-2 所示）。

4. 创建过程。

建立新过程有两种方法。

（1）使用"添加过程"对话框。

使用"添加过程"对话框建立过程的方法如下。

- 进入要添加过程的代码编辑窗口。
- 执行"工具"菜单中的"添加过程"命令，打开"添加过程"对话框（如图 8-3 所示）。

图 8-2　按地址传递实验　　　　图 8-3　"添加过程"对话框

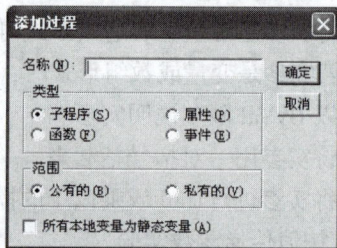

- 在"名称"文本框中输入过程名。从"类型"组中选择过程类型，从"范围"组中选择范围，选择是否将所有本地变量设置为静态变量。
- 单击"确定"按钮，回到"代码编辑器"窗口。

若要在过程中使用虚参，可在"代码编辑器"窗口中将参数加入 Sub、Function 语句中，然后在过程体中加入调用本过程需执行的命令。

（2）在"代码编辑器"窗口中输入。

- 在"代码编辑器"窗口中，把光标定位在已有过程的外面。
- 输入过程的头部并按下回车键，此时一对括号就会添加到过程名的后面，End Sub 或 End Function 会被自动添加到代码窗口，代码窗口的"对象"列表框变为"（通用）"，"过程"列表框中的当前对象变为刚刚输入的新过程名，此时可在过程体中加入调用本过程需执行的命令。

5. 查看过程。

（1）查看当前模块中的过程。

在"代码编辑器"窗口的对象框中选择"通用"，然后在过程框中选择过程。

（2）查看其他模块中的过程。

在"视图"菜单中选择"对象浏览器",在"工程/库"框中选择工程,在"类/模块"列表中选择模块,并在"成员"列表中选择过程,选取"查看定义"。

6. 过程的递归调用。

递归调用是指一个过程直接或间接地调用自己本身。在递归调用中,一个过程执行的某一步要用到它自身的上一步(或几步)的结果。

构成递归过程的条件是:递归结束条件及结束时的值;能用递归形式表示,并能递归向终止条件发展。

递归调用在处理阶乘运算、级数运算、幂指数运算等方面较有效,但是由于递归调用过程较繁琐,因此执行效率低。

7. 变量的作用域和生存期。

(1)变量的作用域。

变量的作用域是指变量能被某一过程识别的范围。作用域有局部变量和全局变量。在 VB 中,由于可以在过程中和模块中声明变量,因此根据声明变量的位置,变量分为两类:过程级变量和模块级变量。

① 过程级变量。

在一过程内部声明的变量即为过程级变量,因此只有该过程内部的代码才能访问或改变该变量的值。过程级变量的作用域被限制在该过程。

特点:

- 在过程内部使用 Dim 或 Static 声明的变量。
- 在过程内部未被声明而直接使用的变量。
- 在过程中声明的变量属于局部变量。

例:过程级变量实验。

```
Private Sub Command1_Click()
    Cls
    Dim a As Integer, b As Integer, c As Integer          '过程级局部变量
    a = 2: b = 3
    Print Tab(12); "a"; Tab(16); "b"; Tab(30); "c"
    Print
    Print "调用 sub1 前 "; a, b, c
    Call sub1
    Print "调用 sub1 后 "; a, b, c
    Print
    Print "调用 sub2 前 "; a, b, c
    Call sub2
    Print "调用 sub2 后 "; a, b, c
End Sub
Private Sub sub1()
    Dim a As Integer, b As Integer, c As Integer          '过程级局部变量
    c = a * b
    Print "sub1 子程序 "; a, b, c
End Sub
Private Sub sub2()
    Dim a As Integer, b As Integer, c As Integer          '过程级局部变量
    c = a + b
```

```
    Print "sub2 子程序 "; a, b, c
End Sub
```

运行结果如图 8-4 所示。

② 模块级变量。

在模块的声明段中声明的变量属于模块级变量，模块级变量分为两种：私有和公有。

- 私有的模块级变量

私有的模块级变量在说明它的整个模块中的所有过程中有效，但是其他模块却不能访问该变量，说明的方法是在模块的声明段中使用 Private 或 Dim 声明变量。

- 公有的模块级变量

公有的模块级变量在所有模块的所有过程中有效，它的作用范围是整个程序，因此公有模块级变量属于全局变量，说明的方法是在模块的声明段中使用 Public 声明变量。

例：公有的模块级全局变量的实验。

```
Public a As Integer, b As Integer, c As Integer  '写在 "通用" 的 "声明" 中
Private Sub Command1_Click()
    Cls
    a = 2: b = 3
    Print Tab(12); "a"; Tab(16); "b"; Tab(30); "c"
    Print
    Print "调用 sub1 前 "; a, b, c
    Call sub1
    Print "调用 sub1 后 "; a, b, c
    Print
    Print "调用 sub2 前 "; a, b, c
    Call sub2
    Print "调用 sub2 后 "; a, b, c
End Sub
Private Sub sub1()
    c = a * b
    Print "sub1 子程序 "; a, b, c
End Sub
Private Sub sub2()
    c = a + b
    Print "sub2 子程序 "; a, b, c
End Sub
```

运行结果如图 8-5 所示。

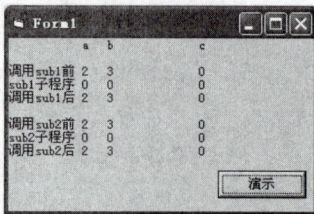

图 8-4　过程级变量实验的运行结果　　　　图 8-5　公有的模块级全局变量实验的运行结果

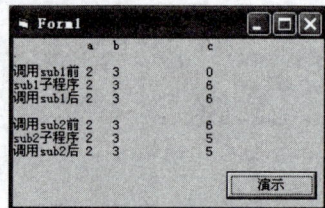

（2）变量的生存期。

从变量的作用空间来说，变量有作用范围；从变量的作用时间来说，变量有生存期。根据变

量在程序运行期间的生命周期，将变量分为静态变量和动态变量。

① 动态变量。

动态变量是指当程序运行进入变量所在的子程序时，才分配该变量的内存地址，经过处理退出该过程后，该变量占用的内存单元自动释放，其值消失，其内存单元能被其他变量所占用。在每一次重新执行过程时，变量将重新声明。

特点：

- 使用 Dim 在过程中声明的局部变量。
- 在过程中未被声明的局部变量。

② 静态变量。

静态变量是指当程序运行进入该变量所在的子程序，修改变量的值后，退出子程序，其值仍被保留，即变量所占用的内存单元没有被释放，当再次进入该子程序时，原来该变量的值可以继续使用。静态变量的声明是在第一次进入所在子程序时声明，以后进入时不再重新声明。

特点：

- 使用 Static 在过程中声明的局部变量。

例：动态局部变量和静态局部变量的实验。

```
Private Sub Command1_Click()
    Dim i As Integer
    For i = 1 To 6
     sub1
    Next i
End Sub
Private Sub sub1()
    Dim x As Integer, m As String
    Static y, n
    x = x + 1: y = y + 1
    m = m & "*": n = n & "*"
    Print "x="; x; "y="; y; "m="; m; " n="; n
End Sub
```

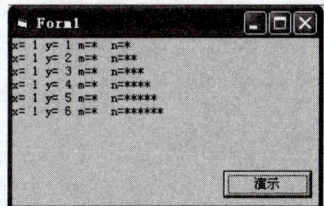

图 8-6　动态局部变量和静态局部变量实验的运行结果

运行结果如图 8-6 所示。

三、实验示例

【例 8-1】设计一个程序完成"判断一个整数是奇数还是偶数"（要求此整数从键盘上输入）。

（1）分析。

① 判断一个整数是奇数还是偶数，可以用该数除以 2，以判断余数是否为 0（若为 0，则此数为偶数，否则为奇数），在 VB 中实现判断一个数能否被另一个数整除的方法较多，如 $Int(x/y) = x/y$、$x \bmod y = 0$、$x/y = x \backslash y$ 等。

② 判断奇数还是偶数，我们将此处理单独设计一个函数过程，函数值为逻辑型数据 True（若此数为偶数）或 False（若此数为奇数）。

（2）建立用户界面（如图 8-7 所示）。

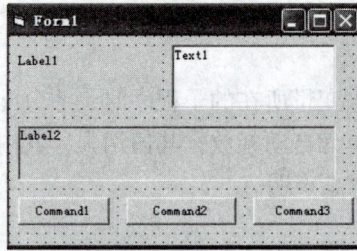

图 8-7　例 8-1 界面设计

（3）设置对象属性。

表 8-1　　　　　　　　　　　　　　例 8-1 属性设置

控　件　名	属　性　名	属　性　值
Form	Name	Form1
	Caption	判断一个数是奇数还是偶数
CommandBottom	Name	Command1
	Caption	判断
CommandBottom	Name	Command2
	Caption	清除
CommandBottom	Name	Command3
	Caption	结束
Label	Name	Label1
	Caption	输入一个整数：
Label	Name	Label2
	Caption	该数是：
	BorderStyle	1-fixed
Text	Name	Text1
	Text	空白

（4）对象事件代码。

```vb
Private Sub Command1_Click()
  Dim number As Integer
  number = Val(Text1.Text)
  If even(number) Then
    Label2.Caption = Label2.Caption & "偶数"
  Else
    Label2.Caption = Label2.Caption & "奇数"
  End If
End Sub
Private Sub Command2_Click()
  Text1.Text = ""
  Label2.Caption = "该数是："
  Text1.SetFocus
```

```
   End Sub
   Private Sub Command3_Click()
     End
   End Sub
   Private Function even(num As Integer) As Boolean
     If num Mod 2 = 0 Then
       even = True
     Else
       even = False
     End If
   End Function
```

（5）运行结果（如图 8-8 所示）。

【例 8-2】用递归过程计算两个整数的最大公约数。

（1）分析。

① 两个整数的最大公约数是指能同时除尽这两个数的最大整数。

② 计算两个整数 a 与 b 的最大公约数的方法：若 b 能除尽 a，则这两个数的最大公约数就是 b，否则 a 和 b 的最大公约数就是 b 和 a 除以 b 的余数的最大公约数。如：

$$gcd(126,12) = gcd(12,126 \text{ Mod } 12) = gcd(12,6) = 6$$

假设函数 gcd(x,y) 的值为 x 和 y 的最大公约数。

（2）建立用户界面（如图 8-9 所示）。

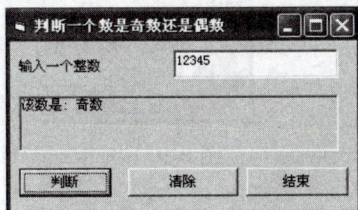

图 8-8 例 8-1 运行结果

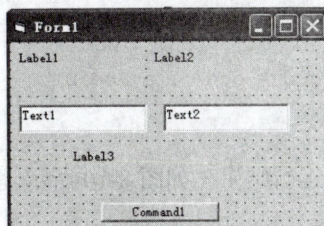

图 8-9 例 8-2 界面设计

（3）设置对象属性。

表 8-2   例 8-2 属性设置

控 件 名	属 性 名	属 性 值
Form	Name	Form1
	Caption	采用递归计算最大公约数
CommandBottom	Name	Command1
	Caption	计算
Label	Name	Label1
	Caption	请输入第一个整数
Label	Name	Label2
	Caption	请输入第二个整数

113

续表

控 件 名	属 性 名	属 性 值
Label	Name	Label3
	Caption	空白
Text	Name	Text1
	Text	空白
Text	Name	Text2
	Text	空白

（4）对象事件代码。

```
Private Sub Command1_Click()
    Dim m As Long, n As Long
    m = Val(Text1.Text)
    n = Val(Text2.Text)
    Label3.Caption = m & "与" & n & "的最大公约数是"
    If m < n Then
      t = m: m = n: n = t
    End If
    Label3.Caption = Label3.Caption & gcd(m, n)
End Sub
Private Function gcd(a As Long, b As Long) As Long
    If a Mod b = 0 Then
      gcd = b
    Else
      gcd = gcd(b, a Mod b)
    End If
End Function
```

（5）运行结果（如图 8-10 所示）。

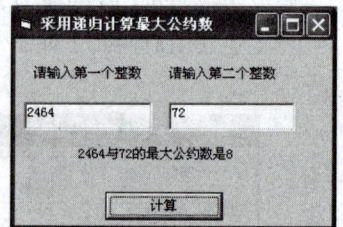

图 8-10   例 8-2 运行结果

四、上机实验

1. 编写程序，求 S = A! + B! + C!。阶乘的计算分别用 Sub 过程和 Function 过程两种方法来实现。

2. 斐波那契（Fibonacci）数列的第一项是 0，第二项是 1，以后各项都是前两项之和。用递归算法和非递归算法分别编写程序，求斐波那契（Fibonacci）数列第 n 项的值。

3. 编一个子过程 DelStr(s1,s2)，将字符串 s1 中出现的子字符串 s2 删去，结果还是存放在 s1 中（运行结果如图 8-11 所示）。

解决此问题的方法有以下几点。

（1）在 s1 字符串中找子串 s2，可利用 InStr() 函数，要考虑 s1 中可能存在多个或不存在 s2 字符串，这时可利用 Do While InStr(s1，s2)>0 循环结构来实现。

（2）若在 s1 中找不到 s2 字符串，首先要确定 s1 字符串的长度，因 s1 字符串在进行多次删除后，长度在变化；然后通过 Left()、Right() 函数的调用删除 s1 中存在的 s2 字符串。

4. 编写一个实现选择法排序的子过程，对已知的若干个整数按升序排列输出（运行界面如图 8-12 所示）。

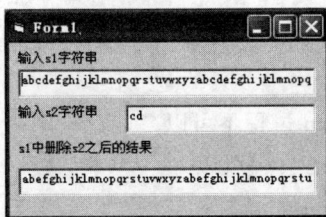

图 8-11 上机实验 3 运行结果

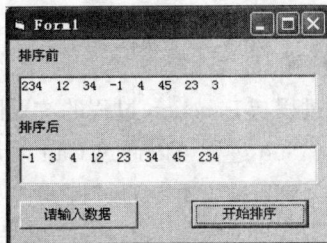

图 8-12 上机实验 4 运行结果

选择法排序的思路如下。

（1）对有 n 个数据的序列，从中选出最小的数，与第一个数据进行交换。

（2）除第一个数据之外，其余 n−1 个数据在按（1）的方法选出次小的数据，与第二个数据进行交换。

（3）重复（1）n−1 遍，最后实现升序排列。

5. 有 5 个人坐在一起，问第 5 个人多少岁？他说比第 4 个人大 2 岁。问第 4 个人多少岁？他说比第 3 个人大 2 岁。问第 3 个人多少岁？他说比第 2 个人大 2 岁。问第 2 个人多少岁？他说比第 1 个人大 2 岁。问第 1 个人多少岁？他说 10 岁。请问第 5 个人有多大岁数？

6. 编制子程序验证哥德巴赫猜想：一个不小于 6 的偶数可以表示为两个素数之和（运行界面如图 8-13 所示），如 6 = 3 + 3，12 = 5 + 7，18 = 11 + 7，…

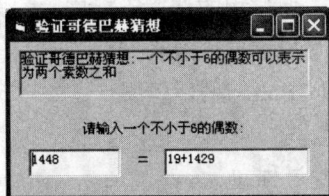

图 8-13 上机实验 6 运行结果

（1）判定方法：假设有一个偶数 n，将它表示为两个整数 a 和 b 的和，即 n = a + b，若 n = 10，先令 a = 2，判断 2 是否是素数，经检查 2 是素数，由于 b = n − a，所以 b 的值为 8，经检查 8 不是素数，则这一组合 (10 = 2 + 8) 不符合要求；再使 a 加 1，即 a = 3，经检查 3 是素数，b = n − a = 7，经检查 7 也是素数，则这一组合 (10 = 3 + 7) 符合要求。

（2）由于需要多次检查一个整数是否为素数，把判断是否为素数这一过程编写为一个子程序。在子程序中，若 m 是一个被检验的整数，使它被 2 ~ Sqr(m) 除，若 m 能被其中任一个整数除尽，则使标志变量为 1，否则为 0，从而退出循环。

8.2 习　　题

一、选择题

1. Sub 过程与 Function 过程的主要区别是_____。
   （A）Sub 过程可以通过 Call 语句调用，而 Function 过程不可以
   （B）Sub 过程不能通过过程名返回值，而 Function 过程可以
   （C）Sub 过程与 Function 过程的参数传递方式不一样
   （D）Function 过程只能返回 1 个值，而 Sub 过程可以返回多个值

2. 以下叙述中错误的是_____。
   （A）在 Sub 过程中可以调用 Function 过程
   （B）可以在程序的任何地方调用以 Public 声明的过程
   （C）在 Sub 过程中可以嵌套定义 Function 过程
   （D）用 Static 声明的过程中的局部变量都是 Stati 变量

3. 以下关于函数过程的叙述中，正确的是_____。
   （A）函数过程虚参的类型与函数返回值的类型没有关系
   （B）在函数过程中，过程的返回值可以有多个
   （C）当数组作为函数过程的参数时，既能以按值方式传递，也能以按址方式传递
   （D）若不指明函数过程参数的类型，则该参数没有数据类型

4. 以下叙述中错误的是_____。
   在 VB 应用程序中，
   （A）过程的定义不可以嵌套，但过程的调用可以嵌套
   （B）过程的定义可以嵌套，但过程的调用不能嵌套
   （C）程序设计人员不能任意指定事件过程的名称
   （D）在 Function 过程中可以 Sub 过程

5. 下列描述中正确的是_____。
   （A）VB 只能通过调用 Sub 过程
   （B）Sub 过程可以嵌套定义也可以嵌套调用
   （C）可以像通用过程一样指定事件过程的名字
   （D）Sub 过程和 Function 过程都必须带返回值

6. 以下叙述中正确的是_____。
   （A）1 个 Sub 过程至少要有 1 个 Exit Sub 语句
   （B）1 个 Sub 过程必须有个 End Sub 语句
   （C）可以在 Sub 过程中定义 1 个 Function 过程，但不能定义 Sub 过程
   （D）可以 GoTo 语句退出 Sub 过程

7. 以下语句用来定义过程 subP，其中正确的是_____。
   （A）Dim Sub subP(x , y)　　　　　（B）Public subP(x , y)
   （C）Private Sub subP(x , y) As Integer　　（D）Sub subP(x , y)

8. 在窗体上放置 2 个标签和一个命令按钮，其名称分别为 Label1、Label2 和 Command1,

然后编写如下程序：

```
Private Sub Command1_Click()
    a = Val(Label2.Caption)
    Call func(Label1, a)
    Label2.Caption = a
End Sub
Private Sub Form_Load()
    Label1.Caption = "ABCDE"
    Label2.Caption = 10
End Sub
Private Sub func(L As Label, ByVal x As Integer)
    L.Caption = "1234"
    a = a * a
End Sub
```

程序运行后，单击命令按钮在 2 个标签中显示的内容分别是_____。

（A）ABCD 和 10　　　　　　（B）1234 和 100

（C）ABCD 和 100　　　　　　（D）1234 和 10

9. 阅读程序：

```
Option Base 1
Sub subP(b() As Integer)
    For i = 1 To 3
        b(i) = 3 * i
    Next i
End Sub
Private Sub Command1_Click()
    Dim a(3) As Integer
    arr = Array(8, 4, 3)
    For i = 1 To 3
        a(i) = arr(i)
    Next i
    subP a()
    For i = 1 To 3
        Print a(i);
    Next i
End Sub
```

运行上述程序后，单击命令按钮，输出的结果为_____。

（A）3　6　9　　　　　　（B）8　4　3

（C）9　6　3　　　　　　（D）3　4　8

10. 假定有如下通用过程：

```
Function Func(a As Integer, b As Integer) As Integer
    Static x As Integer, y As Integer
    x = 0: y = 2
    y = y + x + 1: x = y + a + b
    Func = x
End Function
```

在窗体上放置 1 个命令按钮 Command1，编写如下事件过程：

```
Private Sub Command1_Click()
    Static k As Integer, m As Integer
    Dim p As Integer
    k = 5: m = 2
    p = Func(k, m)
    Print p;
    p = Func(k, m)
    Print p
End Sub
```

程序运行后，单击命令按钮，输出结果为_____。

（A）10　10 　　　　　　　　（B）10　18

（C）10　20 　　　　　　　　（D）10　22

11. 在窗体上放置 1 个命令按钮 Command1，编写如下程序代码：

```
Sub S1(ByVal x As Integer, ByVal y As Integer)
    Dim t As Integer
    t = x: x = y: y = t
End Sub
Private Sub Command1_Click()
    Dim a As Integer, b As Integer
    a = 10: b = 30
    S1 a, b
    Print "a="; a; "b="; b
End Sub
```

程序运行后单击命令按钮，输出结果是_____。

（A）a= 30　b= 10 　　　　　（B）a= 30　b= 30

（C）a= 10　b= 30 　　　　　（D）a= 10　b= 10

12. 假定有如下的 Sub 过程：

```
Sub S(x As Single, y As Single)
    t = x: x = t / y: y = t Mod y
End Sub
Private Sub Command1_Click()
    Dim a As Single, b As Single
    a = 5: b = 4
    S a, b
    Print a; b
End Sub
```

单击命令按钮后的输出结果为_____。

（A）5　4 　　　　　　　　　（B）1　1

（C）1.25　4 　　　　　　　　（D）1.25　1

13. 在窗体上放置 1 个命令按钮 Command1，编写如下程序：

```
Function sub1(a As Integer, ByVal b As String) As Integer
    a = Val(b)
    sub1 = a
    Print sub1
End Function
Private Sub Command1_Click()
```

```
        Call sub1(-15.1, 2.54)
End Sub
```
程序运行后单击命令按钮，输出结果为_____。

 （A）3   （B）2

 （C）–15   （D）提示出错

14. 假定有下列 2 个过程：

```
Sub S1(ByVal x As Integer, ByVal y As Integer)
    Dim t As Integer
    t = x: x = y: y = t
End Sub
Sub S2(x As Integer, y As Integer)
    Dim t As Integer
    t = x: x = y: y = t
End Sub
```
则以下说法中正确的是_____。

 （A）用过程 S1 可以实现交换 2 个变量的值的操作，S2 不能实现

 （B）用过程 S2 可以实现交换 2 个变量的值的操作，S1 不能实现

 （C）用过程 S1 和 S2 都可以实现交换 2 个变量的值的操作

 （D）用过程 S1 和 S2 都不能实现交换 2 个变量的值的操作

15. 以下关于过程及过程参数的描述中，错误的是_____。

 （A）过程的参数可以是控件名称

 （B）用数组作为过程的参数时，使用的是"按址"传递方式

 （C）只有函数过程能够将过程中处理的信息返回到调用的程序中

 （D）窗体可以作为过程的参数

16. 以下说法中正确的是_____。

 （A）事件过程也是过程，与通用过程完全一样

 （B）事件过程是程序员编写的各种子程序

 （C）事件过程通常放在标准模块中

 （D）事件过程是用来处理由用户操作或系统激发的事件的代码

17. 执行"工程"菜单中的_____命令，可以添加一个标准模块。

 （A）添加过程   （B）通用过程

 （C）添加窗体   （D）添加模块

18. 通用过程可以通过执行"工具"菜单中的_____命令来建立。

 （A）添加过程   （B）通用过程

 （C）添加窗体   （D）添加模块

二、填空题

1. 在窗体上放置 1 个文本框 Text1 和 1 个标签 Label1，编写如下代码：

```
Function fun(s As Integer)
    For i = 1 To s
      Sum = Sum + i
    Next i
    fun = Sum
End Function
```

```
Private Sub Form_Click()
    Text1.Text = Str(fun(10))
End Sub
Private Sub Text1_Change()
    Label1.Caption = "VB Programming"
End Sub
```

程序运行后，在文本框中显示的内容是___①___，而在标签中显示的内容是___②___。

2. 阅读程序：

```
Function Fun(x As Long) As Boolean
    If x Mod 2 = 0 Then
      Fun =___①___
    Else
      Fun =___②___
    End If
End Function


Private Sub Command1_Click()
    Dim num As Long
    num = Val(Text1.Text)
    p = IIf(Fun(num),___③___,___④___)
    Print Str(num) & "是1个" & p
End Sub
```

以上程序的功能是：在命令按钮的事件过程中调用过程 Fun，用于对在文本框中的整数进行奇偶数的判断。

3. 阅读程序：

```
Option Base 1
Dim arr2() As Integer
Function FindMax(a() As Integer) As Integer
    Dim Start As Integer, Finish As Integer, i As Integer
    Start = Lbound___①___
    Finish = Ubound___②___
    Max =___③___
    For i = Start + 1 To Finish
      If a(i) > Max Then Max =___④___
    Next i
    FindMax = Max
End Function
Private Sub Command1_Click()
    Dim arr1
    arr1 = Array(12, 435, 76, 24, 78, 54, 866, 43)
    b = UBound(arr1)
    ReDim arr2(___⑤___) As Integer
    For i = 1 To b
      arr2(i) = CInt(___⑥___)
    Next i
    m = FindMax(arr2)
    Print "最大值是:"; m
End Sub
```

以上程序的功能是：在命令按钮事件过程中定义 1 个数组，将这个数组作为参数传送到通用过程 FindMax，并返回该数组的最大值。

4. 在窗体上放置 1 个命令按钮 Command1，编写如下程序代码：

```
Sub inc(a As Integer)
    Static x As Integer
    x = x + a
    Print x;
End Sub
Private Sub Command1_Click()
    inc 2
    inc 3
    inc 4
End Sub
```

程序运行后，第 1 次单击命令按钮时的输出结果是_____。

5. 以下程序的功能是：在窗体的 Click 事件过程中调用 Fun，计算 $1 + 2 + \cdots + n$，其中计算操作在过程中 Fun 中完成，请填空。

```
Function Fun(ByVal N As Integer) As Integer
    Dim nT As Integer
    nT = ___①___
    For i = 1 To___②___
        nT = nT + i
    Next i
    ___③___
End Function
Private Sub Form_Click()
    Dim num As Integer
    num = InputBox("请输入 1 个整数")
    Print Fun(num)
End Sub
```

三、程序设计题

1. 已知函数 $sum(k, n) = 1^k + 2^k + \cdots + n^k$。利用函数过程 sum 计算给定参数的函数的值。

2. 如果一个正数从高位到低位上的数字递减，则称此数为降序数（例如，5421、953 等都是降序数）。编写程序当单击命令按钮时，从键盘上输入一个正整数，调用 numDecl 过程判断输入的数是否为降序数，并在单击事件过程中输出判断结果。

3. 编写八进制数与十进制数相互转换的过程代码。

4. 编写程序，计算 $s! = a! + b! + c!$，阶乘的计算机分别用 Sub 过程和 Function 过程两种方法来实现。

5. 设计一个能检查是否为数字字符串的通用过程，调用该过程检查 3 个文本框中输入的字符是否都是数字。如果都是数字，则求这 3 个数字之和，并将结果显示在第 4 个文本框中。

6. 利用递归调用的方法，编写计算 xn 的过程（n 为正整数），精确到小数点后 2 位。

7. 利用随机函数生成一个 8 行 8 列的数组（每个数据都在 100 以内），然后找出某个指定行内最大值所在的列号。要求：查找指定行内最大值元素的列号的操作需通过一个通用过程来实现。

第9章
界面设计

9.1 实　验

一、实验目的

1. 掌握 VB 中菜单编辑器的使用方法。
2. 掌握下拉式菜单设计、掌握弹出式菜单设计、掌握动态菜单的设计。
3. 掌握 VB 中如何添加工具栏、状态栏、图像工具栏。
4. 掌握带图像的工具栏的设计方法、掌握状态栏的设计方法。
5. 掌握通用对话框的设计方法。
6. 掌握键盘事件 KeyPress、KeyDown 和 KeyUp 的基本用法。
7. 掌握鼠标事件 MouseDown、MouseUp 和 MouseMove 的基本用法。
8. 掌握多文档界面及多窗体的设计方法。

二、知识介绍

1. 菜单。

（1）菜单控件。菜单（Menu）控件显示应用程序的自定义菜单。为了创建 Menu 控件，需要实用"菜单编辑器"。在设计状态下，执行"工具"菜单中的"菜单编辑器"命令，每一个创建的菜单最多可以有 4 级子菜单，其中每一个菜单项分别是一个控件，它们都有自己的名字。Menu 控件只识别 Click 事件。

（2）菜单编辑器。所有的 Menu 控件的属性都显示在"属性"窗口中，也可以实用"菜单编辑器"设置 Menu 控件的某些属性。

如果需要设置放文件，设置 Menu 控件的 Caption 属性，在最前面加一个"&"；若需要创建分隔符栏，则将 Caption 属性设置为一个符号"-"。

设置完一个菜单项后，单击"下一个"按钮可换行设置下一个菜单项，单击"插入"按钮可在选定的菜单项前插入一个菜单项，单击"删除"按钮可删除选定的菜单项，单击"↑"和"↓"按钮可改变选定的菜单项的位置，单击"→"按钮可使选定的菜单项降一级（在菜单项显示框中右移一段，左边出现一个"…"），单击"←"按钮可使选定的菜单项升一级（在菜单项显示框中左移一段，取消左边出现一个"…"）。

2. 通用对话框。

（1）通用对话框控件。用户可以利用工具箱中的标准控件来设计用户自定义的对话框，也可以直接从系统调用通用对话框控件（CommonDialogBox）。默认状态下工具箱中并无此控件，需要执行"工程"中的"部件"命令在显示的对话框中选择"Microsoft Common Dialog Control 6.0"。

用户可以利用通用对话框控件创建"打开"（Open）、"另存为"（Save As）、"颜色"（Color）、"字体"（Font）、"打印机"（Printer）、"帮助"（Help）共 6 种标准对话框。程序运行时并不会自动显示通用对话框，必须在程序中分别通过 ShowOpen、ShowSave、ShowColor、ShowFont、ShowPrinter、ShowHelp 方法或设置"Action"属性（属性值为 0 表示无对话框，1～6 分别表示上述 6 种标准对话框）来激活所需的对话框。需要说明的是，通用对话框仅仅提供了一个用户和应用程之间的信息交互界面，具体的功能实现还需要另外编写相应的功能代码。

通用对话框的"DialogTitle"属性用于设置对话框的标题，对话框的类型可由"Action"属性决定，不同的对话框还有自己特有的属性。

（2）"打开"对话框和"另存为"对话框的部分属性如下。

① FileName 属性：返回或设置用户选定的文件名（含路径）。

② FileTitle 属性：返回或设置用户需打开的文件名（不含路径）。

③ Filter 属性：确定文件类型列表框中显示文件的类型。

若需在文件类型列表框中显示"Word 文档"、"文本文件"和"所有文件"共 3 种类型，则 Filter 属性英设置为：

CommonDialog1.Filter = "Word 文档 |*.doc| 文本文件 |*.txt| 所有文件 |*.*"

④ FilterIndex 属性：确定选择了何种文件类型。如上例中，若选择了"Word 文档"，则 FilterIndex 属性值为 1。

⑤ InitDir 属性：确定初始化路径。

⑥ DefaultExt 属性：确定保存文件的默认文件扩展名。

（3）"颜色"对话框。

"Color"属性：返回或设置选定的颜色。

（4）"字体"对话框。

① FontName、FontSize、FontBold、FontItalic、FontStrikethru、FontUnderline 属性的用法与标准控件的字体属性完全一样。

② Color 属性：表示字体的颜色。

③ Min、Max 属性：确定字体大小的选择范围，单位为点（point）。

④ Flags 属性：确定对话框中显示字体的类型，在"显示字体"对话框前必须设置该属性，否则会发生不存在字体的错误。

（5）"打印"对话框。

① Copies 属性：确定打印的份数。

② FromPage 和 ToPage 属性：确定打印的起始页号和终止页号。

3. 多文档界面。

用户界面主要有单文档界面（SDI）和多文档界面（MDI）两种。SDI 界面的一个典型示例就是 Windows 中的 NotePad 应用程序，在 NotePad 中，只能打开一个文档，若需打开另一个文档时，则必须先关闭已打开的文档。而基于 Windows 的绝大多数应用程序都是多文档界面，多文档界面允许同时打开多个文档，每一个文档都显示在自己的窗口中。多文档界面由父窗口和子窗口组成，一个父窗口可以包含多个子窗口，子窗口最小化后将以图标的形式显示在父窗口中，而不会出现在 Windows 的任务栏中；当父窗口最小化时，所有的子窗口也被最小化，但只有父窗口的图标出现在任务栏中。父窗口就是 MDI 窗体，子窗口是指 MDIChild 属性为 True 的普通窗体。

MDI 子窗体的设计与 MDI 窗体无关，但在运行是总是包含在 MDIForm 中。

MDI 窗体的相关属性、方法与事件如下。

① ActiveForm 属性：返回活动的 MDI 子窗体对象。多个 MDI 子窗体在同一时刻只能有一个处于活动状态（具有焦点）。

② ActiveControl 属性：返回活动的 MDI 子窗体上拥有焦点的控件。

③ AutoShowChild 属性：返回或设置一个逻辑值，决定在加载 MDI 子窗体时是否自动显示该子窗体，默认为 True（自动显示）。

④ Arrange 方法：用于重新排列 MDI 窗体中的子窗体或子窗体的图标，语法格式如下：

MDI 窗体名 . Arrange ＜排列方式＞

⑤ QueryUnload 事件：当关闭一个 MDI 窗体时，QueryUnload 事件首先在 MDI 窗体发生，然后在所有的 MDI 子窗体中发生。如果没有窗体取消 QueryUnload 事件，则先卸载所有子窗体，最后卸载 MDI 窗体。

4. 工具栏。

工具栏提供了一种快速访问常用菜单命令的方法。VB 中的工具栏是通过两个 ActiveX 控件 ImageList 和 ToolBar 的组合实现的。要使用这两个控件，需执行"工程"中的"部件"菜单命令将 Microsoft Windows Common Control 6.0 添加到工具箱中。

（1）ImageList 控件。此控件在运行阶段是不可见的，它不能独立使用，只是作为一个图像的存储室，向其他控件提供图像资料。

① 添加图像：将 ImageList 控件添加到窗体上，右键单击 ImageList 控件，执行"属性"菜单命令，在如图 9-1 所示的 ImageList 控件的"属性页"对话框的"图像"选项卡中，通过单击"插入图片"按钮，可以选择需要添加的图像。每个图像会自动获得一个索引（Index）作为编号，可以为每个图像输入一个关键字（Key）作为标识。

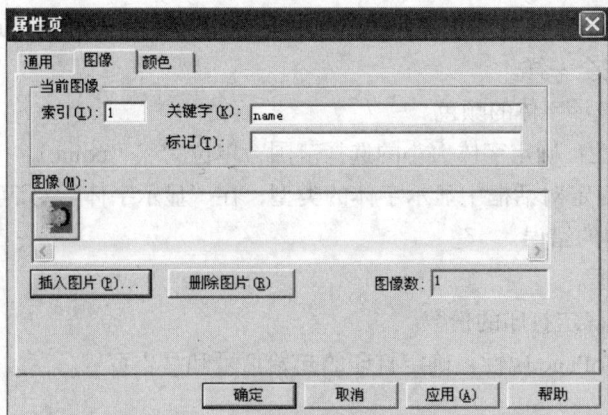

图 9-1　ImageList 控件属性页的"图像"选项卡

② 绑定控件：对于需要使用图像的控件，通过设置其 ImageList 属性为某个 ImageList 控件，将两者绑定。一旦 ImageList 被绑定到某个控件，就不能再删除其中的图像，也不能将其他图像插入其中。

（2）ToolBar 控件。

① 通用设置：将 ToolBar 控件添加到窗体上，右键单击 ToolBar 控件，执行"属性"菜单命令，在如图 9-2 所示的 ToolBarkongjian 属性页的"通用"选项卡中，通过选择"图像列表"为某个 ImageList 控件，可以实现 ToolBar 控件与 ImageList 控件的绑定。其中部分复选框的含义如下。

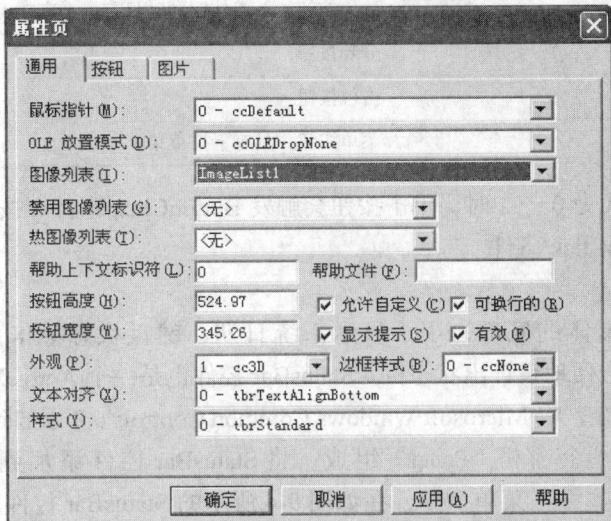

图 9-2　ToolBar 控件属性页的"通用"选项卡

- 可换行的：当工具栏长度不能容纳所有按钮时是否换行。
- 显示提示：鼠标指针在按钮上停留时是否会出现提示信息。
- 有效：按钮是否可用。

② 按钮设置：在如图 9-3 所示的 ToolBar 控件属性页"按钮"选项卡中，通过单击"插入按钮"按钮，可以为工具栏添加按钮。每个按钮会自动获得一个索引（Index）作为编号，可以为每个按钮输入一个关键字（Key）作为标识。还可以为每个按钮设置"工具栏提示文本"和"样式"。其中按钮样式如表 9-1 所示。

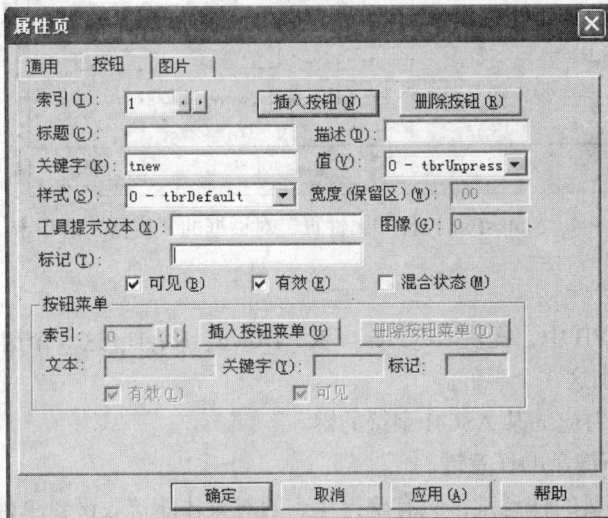

图 9-3　ToolBar 控件属性页"按钮"选项卡

表 9-1 按钮样式

常 量	值	说 明
tbrDefault	0	普通按钮，按下后回复原态
tbrCheck	1	开关按钮，按下后保持按下状态
tbrButtonGroup	2	分组按钮，一组按钮同时只有一个有效
thbSepataor	3	分隔按钮
tbrPlaceholder	4	占位按钮
tbrDropdown	5	菜单按钮，具有下拉菜单

③ 事件：按钮样式为 0 ~ 2 时，单击按钮会触发 ButtonClick 事件；按钮样式为 5 时，单击按钮会触发 ButtonMenuClick 事件。

（3）状态栏。

状态栏一般位于窗体的底部，用于显示系统日期、键盘状态等信息。通过 VB 提供的 StatusBar 控件，可以很方便地设计出状态栏。StatusBar 控件也是一个 ActiveX 控件，需要执行"工程"的"不见"菜单命令，将 Microsoft Windows Common Controls 6.0 添加到工具箱中。

一个状态栏由若干个窗格（Panel）组成。将 StatusBar 控件添加到窗体上，右键单击 StatusBar 控件，执行"属性"菜单命令，在如图 9-4 所示的 StatusBar 控件属性页的"窗格"选项卡中，通过单击"插入窗格"按钮，可以插入窗格并设置"文本"、"工具提示文本"、"关键字"、"样式"等相关信息。

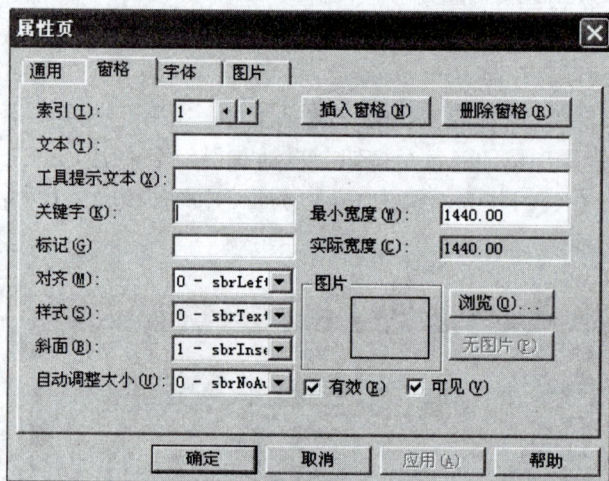

图 9-4 StatusBar 控件"属性页"对话框的"窗格"选项卡

5. 键盘与鼠标事件。

（1）键盘事件。在 VB 中，提供 KeyPress、KeyDown、KeyUp 这 3 个键盘事件，窗体和接收键盘输入的控件都能识别这 3 个事件。

- KeyPress：按下对应的某 ASCII 字符的键。
- KeyDown：按下键盘的任意键。
- KeyUp：释放键盘的任意键，只有获得焦点的对象才能接收键盘事件。

3 个事件过程的格式如下：

```
Sub Object_KeyPress(KeyAscii As Integer)
Sub Object_KeyDown(KeyCode As Integer,Shift As Integer)
Sub Object_KeyUp(KeyCode As Integer,Shift As Integer)
```

上述 3 个事件过程中的参数含义如下。

KeyAscii：表示返回所按键对应于 ASCII 字符代码的整型数值。

KeyCode：表示按下的物理键。此时大小写字母将作为同一个键返回，具有相同的 KeyCode 值，即大小写字母实用同一个键，它们的 KeyCode 值是相同的，为下档字符的 ASCII 码。注意：主键区的数字键与小数字键区的数字键被作为不同的键返回，尽管它们生成相同的字符，但是它们的 KeyCode 值是不相同的。

Shift：此参数为一个整数，表示 Shift、Ctrl 和 Alt 键的状态。如图 9-5 所示，Shift 参数所对应的二进制数低 3 位 A、C、S，分别表示 Alt、Ctrl 与 Shift 键的状态，相应二进制位为 0 时表示未按下对应键，为 1 时表示按下了对应键。

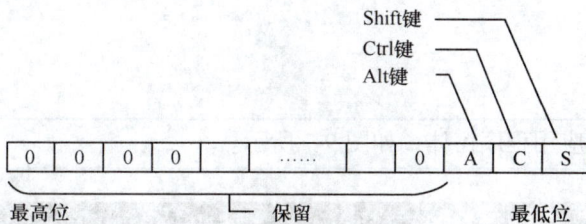

图 9-5　Shift 参数的值

KeyPress 事件与 KeyDown 及 KeyUp 事件的区别如下。

① KeyPress 事件用于解释 ANSI 字符，KeyDown 和 KeyUp 事件用于处理任何不被 KeyPress 事件识别的击键，诸如扩展的字符键，如功能键、编辑键、定位键、组合键、区别数字小键盘和常规数字键等。

② KetPress 事件不显示键盘的物理状态，而只是传递一个字符，它将每个字符的大、小写形式作为两种不同的字符解释。KeyDown 和 KeyUp 事件用两种参数 KeyCode 和 Shift 解释每个字符的大写形式和小写形式。

（2）鼠标事件。

① Click 事件。

② DblClick 事件。

③ MouseMove、MouseDown、MouseUp 事件。

在移动鼠标时发生 MouseMove，当按下鼠标按钮时触发 MouseDown 事件，当松开鼠标按钮时触发 MouseUp 事件。

MouseMove、MouseDown、MouseUp 这 3 个事件的过程的语法格式如下。

```
Sub Object_MouseMove(Button As Integer,Shift As Integer,X As Single,Y As Single)
Sub Object_MouseDown(Button As Integer,Shift As Integer,X As Single,Y As Single)
Sub Object_MouseUp(Button As Integer,Shift As Integer,X As Single,Y As Single)
```

这 3 个事件过程都具有 Button、Shift、X 和 Y 这 4 个参数，其含义如下。

- Button 参数的取值，对应于鼠标的左键、右键和中键的状态，如图 9-6 所示，Button 参数对应的二进制数低 3 位 L、R、M 分别表示左键、右键、中键的状态，相应二进制位为 0 时表示未按下对应的键，为 1 时表示按下了对应的键。

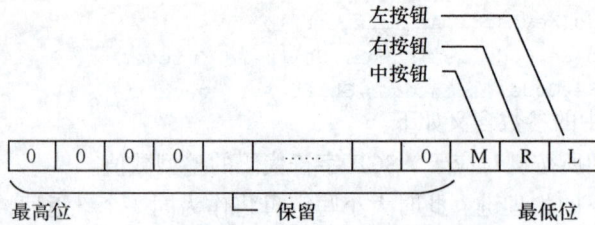

图 9-6　Button 参数的值

- Shift 参数表示在 Button 参数指定的按钮被按下或者被松开的情况下键盘的 Shift、Ctrl、Alt 键的状态，以编写用于鼠标键盘组合操作的代码。它与键盘事件 KeyUp、KeyDown 中的 Shift 参数相同。

- X、Y 参数表示鼠标指针的位置，通过 X 和 Y 参数返回一个指定鼠标当前位置的数，X 和 Y 的值是使用该对象的坐标系统表示鼠标指针当前位置。

三、实验示例

【例 9-1】设计如下应用程序窗体，如图 9-7 所示。

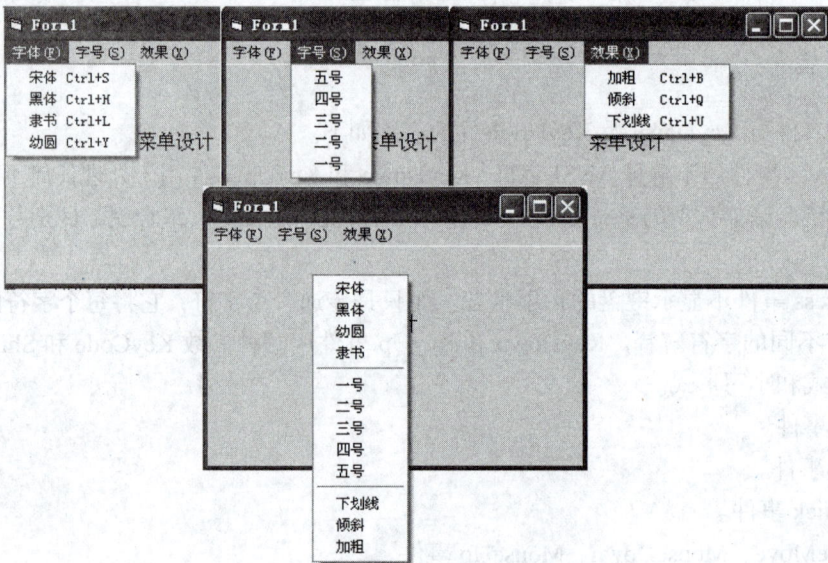

图 9-7　例 9-1 应用程序运行窗口

应用程序功能如下。

① 应用程序有如图 9-7 所示的窗口主菜单。

② 单击标签栏"菜单设计"4 个字时自动弹出如图 9-7 所示下拉菜单。

③ 单击相应的菜单命令执行相应的功能。

④ 使用菜单设定的快捷方式也能执行相应的功能。

（1）设计步骤。

① 打开 VB6.0，新建一个窗体文件，如图 9-8 所示。

② 更改 Form1 窗体的 Caption 属性为"设置文本格式"，并在窗体中插入一个标签控件

Label1，更改 Label1 的 Caption 属性为"菜单设计"、AutoSize 属性值为"True"，出现如图 9-9 所示效果。

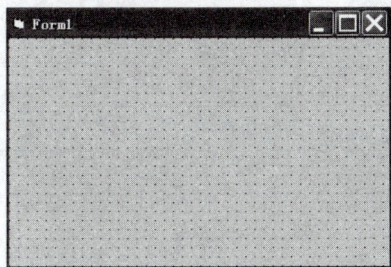

图 9-8　例 9-1 新建窗体　　　　　　　　　　图 9-9　例 9-1 设计界面 1

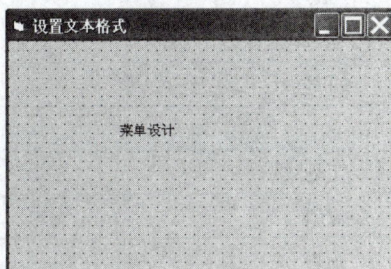

③ 选择"工具"|"菜单编辑器"命令，打开"菜单编辑器"对话框，并插入如表 9-2 所示菜单项，如图 9-10 所示。

表 9-2　　　　　　　　　　　　　　例 9-1 菜单项

标　题	名　称	快　捷　键
字体（&F）	Font	
…宋体	Font_s	Ctrl+S
…黑体	Font_h	Ctrl+H
…隶书	Font_l	Ctrl+L
…幼圆	Font_y	Ctrl+Y
字号（&S）	Fontsize	
…一号	Size1	
…二号	Size2	
…三号	Size3	
…四号	Size4	
…五号	Size5	
效果（&E）	Effect	
…加粗	Ef_bold	Ctrl+B
…倾斜	Ef_italic	Ctrl+I
…下划线	Ef_underline	Ctrl+U
弹出菜单	Menu_tc	
…宋体	Tc_fonts	
…黑体	Tc_fontht	
…隶书	Tc_fontls	
…幼圆	Tc_fontyu	
…-	Fg1	
…一号	Tc_size1	
…二号	Tc_size2	

续表

标　题	名　称	快　捷　键
… 三号	Tc_size3	
… 四号	Tc_size4	
… 五号	Tc_size5	
…-	Fg2	
… 下划线	Tc_underline	
… 倾斜	Tc_italic	
… 加粗	Tc_bold	

④ 经过菜单编辑器属性设置，即可得到如图 9-11 的窗口菜单。

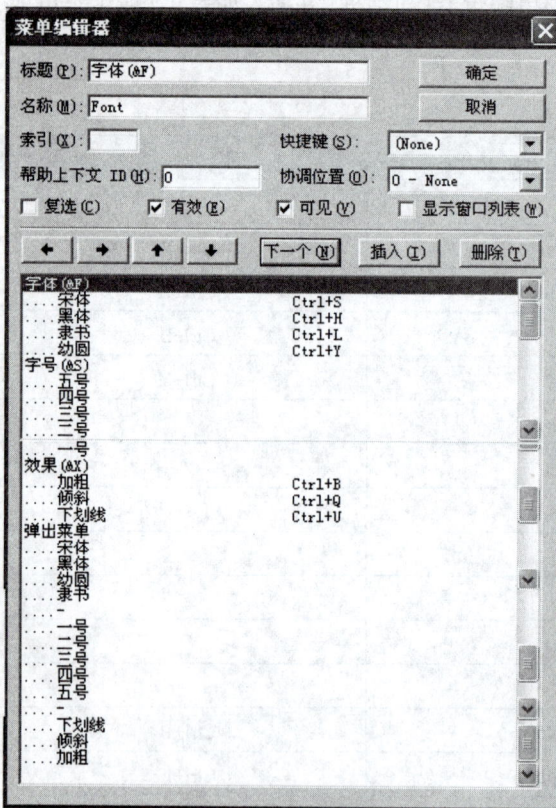

图 9-10　菜单编辑器各属性设置

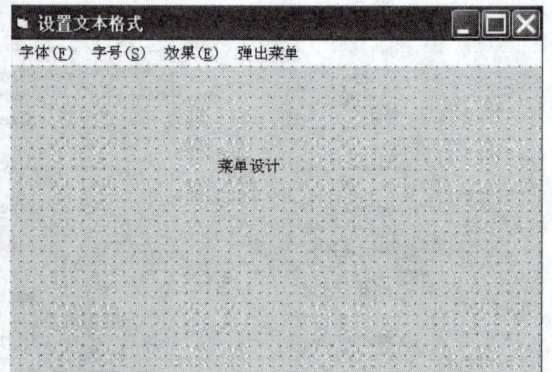

图 9-11　例 9-1 设计界面 2

（2）对象事件代码：

```
Private Sub Form_Load()                          ' 开始运行窗体里不显示弹出菜单menu_tc
    Menu_tc.Visible = False
End Sub
Private Sub ef_bold_Click()                      ' 设置 " 加粗 "
    Label1.FontBold = Not (Label1.FontBold)
    Ef_bold.Checked = Label1.FontBold            ' 当处于 " 加粗 " 状态时，菜单项前加上√
End Sub
```

```vb
Private Sub ef_italic_Click()                    '设置"倾斜"
    Label1.FontItalic = Not (Label1.FontItalic)
    Ef_italic.Checked = Label1.FontItalic        '当处于"倾斜"状态时,菜单项前加上√
End Sub
Private Sub ef_underline_Click()                 '设置"下划线"
    Label1.FontUnderline = Not (Label1.FontUnderline)
    Ef_underline.Checked = Label1.FontUnderline
    '当处于"下划线"状态时,菜单项前加上√
End Sub
Private Sub Font_H_Click()                       '设置"黑体"
    Label1.FontName = "黑体"
End Sub
Private Sub Font_l_Click()                       '设置"隶书"
    Label1.FontName = "隶书"
End Sub
Private Sub Font_s_Click()                       '设置"宋体"
    Label1.FontName = "宋体"
End Sub
Private Sub Font_Y_Click()                       '设置"幼圆"
    Label1.FontName = "幼圆"
End Sub
Private Sub size1_Click()                        '设置"一号字"
    Label1.Fontsize = 30
End Sub
Private Sub size2_Click()                        '设置"二号字"
    Label1.Fontsize = 22
End Sub
Private Sub size3_Click()                        '设置"三号字"
    Label1.Fontsize = 18
End Sub
Private Sub size4_Click()                        '设置"四号字"
    Label1.Fontsize = 14
End Sub
Private Sub size5_Click()                        '设置"五号字"
    Label1.Fontsize = 9
End Sub
Private Sub Label1_MouseDown(Button As Integer, Shift As Integer, _
X As Single, Y As Single)                        '当右键单击标签时,弹出弹出菜单
    If Button = vbRightButton Then
        PopupMenu Menu_tc
    End If
End Sub
Private Sub tc_bold_Click()                      '通过弹出菜单位设置"加粗"
    Label1.FontBold = Not (Label1.FontBold)
    Tc_bold.Checked = Label1.FontBold            '当"加粗"时,弹出菜单项打√
End Sub
Private Sub tc_italic_Click()                    '通过弹出菜单位设置"倾斜"
    Label1.FontItalic = Not (Label1.FontItalic)
    Tc_italic.Checked = Label1.FontItalic        '当"倾斜"时,弹出菜单项打√
```

```vb
End Sub
Private Sub tc_underline_Click()                  ' 通过弹出菜单位设置 " 下划线 "
    Label1.FontUnderline = Not (Label1.FontUnderline)
    Tc_underline.Checked = Label1.FontUnderline   ' 当 " 下划线 " 时，弹出菜单项打√
End Sub
Private Sub tc_fontht_Click()                     ' 通过弹出菜单位设置 " 黑体 "
    Label1.FontName = " 黑体 "
End Sub
Private Sub tc_fontls_Click()                     ' 通过弹出菜单位设置 " 隶书 "
    Label1.FontName = " 隶书 "
End Sub
Private Sub tc_fonts_Click()                      ' 通过弹出菜单位设置 " 宋体 "
    Label1.FontName = " 宋体 "
End Sub
Private Sub tc_fontyu_Click()                     ' 通过弹出菜单位设置 " 幼圆 "
    Label1.FontName = " 幼圆 "
End Sub
Private Sub tc_size1_Click()                      ' 通过弹出菜单位设置 " 一号字 "
    Label1.Fontsize = 30
End Sub
Private Sub tc_size2_Click()                      ' 通过弹出菜单位设置 " 二号字 "
    Label1.Fontsize = 22
End Sub
Private Sub tc_size3_Click()                      ' 通过弹出菜单位设置 " 三号字 "
    Label1.Fontsize = 18
End Sub
Private Sub tc_size4_Click()                      ' 通过弹出菜单位设置 " 四号字 "
    Label1.Fontsize = 14
End Sub
Private Sub tc_size5_Click()                      ' 通过弹出菜单位设置 " 五号字 "
    Label1.Fontsize = 9
End Sub
```

【例 9-2】设计一个窗体，显示鼠标移动的轨迹。

在窗体上安置 1 个形状控件 Shape1、1 个时钟控件 Timer1，属性设置见表 9-3。

表 9-3   例 9-2 属性设置

控 件 名	属 性 名	属 性 值
Shape1	Index	0
Timer1	Enabled Interval	False 100

程序代码如下：

```vb
Dim x1, y1
Private Sub Form_Load()
    Dim i As Integer
    For i = 1 To 20
```

```
      Load Shape1(i)
      Shape1(i).Visible = False
   Next i
End Sub
Private Sub Form_MouseMove(Button As Integer, Shift As Integer, X As Single, Y As
Single)
   x1 = X: y1 = Y
   Timer1.Enabled = True
End Sub
Private Sub Timer1_Timer()
   Static i As Integer
   Shape1(i).Visible = True
   Shape1(i).Move x1, y1
   i = i + 1
   If i > 20 Then i = 0
End Sub
```

运行结果如图 9-12 所示。

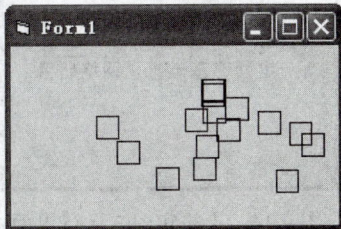

图 9-12　例 9-2 运行结果

四、上机实验

1. 编一个程序，程序中有两个窗体，第一个是普通窗体（如图 9-13（a）所示），第二个是"查找"对话框（如图 9-13（b）所示）。运行时将首先显示第一个窗体。单击"打开"按钮，将弹出"打开"对话框。将选择的文本文件打开后，能在文本框中显示文件的内容。单击"查找"按钮，将以非模态方式打开"查找"对话框。可以在"查找"对话框中输入待查找的内容，再单击"查找下一个"按钮来查找并显示找到的内容。

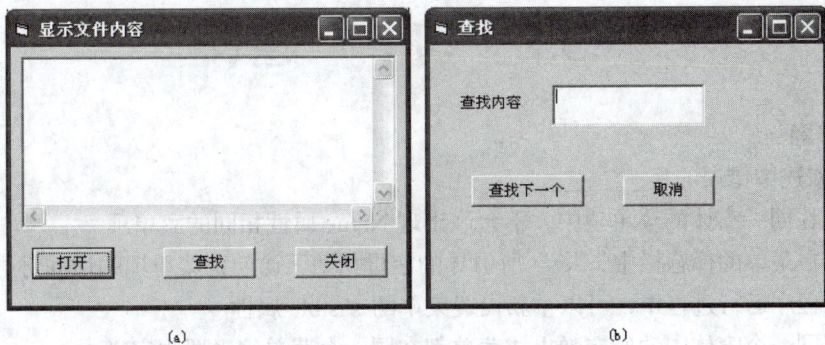

图 9-13　上机实验 1 运行界面

2. 建立窗体并设置标签、命令按钮、公共对话框。其作用是：通过命令按钮可以显示"打开"、"颜色"、"字体"、"打印设置"对话框，并能将选择结果显示在标签上。

3. 使用公共对话框设计一个简易文本编辑器，具有创建、编辑、打印普通文件的功能，如图 9-14 所示。

4. 建立一个"选项程序"的窗体及程序代码，要求：窗体格式如图 9-15 所示，单击下拉式菜单选项"增加"，可增加一个新工程，每单击一次就增加一个新工程，单击下拉式菜单选项"删除"，可删除增加的最后一个选项；单击"结束"可终止程序的执行。

5. 为窗体中的文本框设计一个快捷菜单，用于改变文本框中显示文本的颜色。

6. 设计一个具有算术运算及清除功能的菜单，从键盘输入两个数，利用菜单命令求其和、差、积或商，并显示出来，如图 9-16 所示。

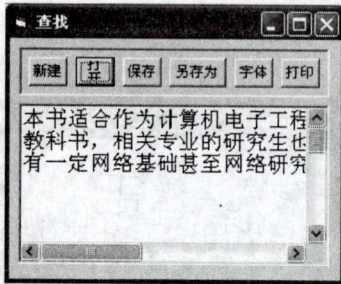

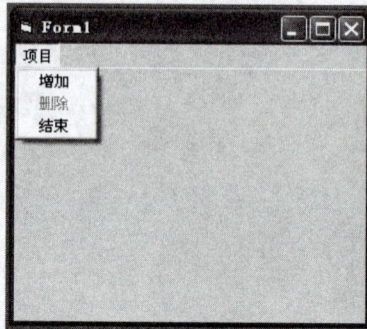

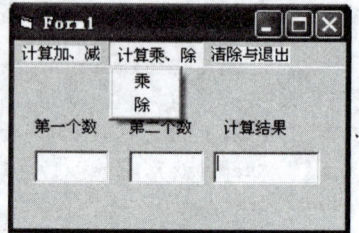

图 9-14　上机实验 3 运行界面　　　图 9-15　上机实验 4 运行界面　　　图 9-16　上机实验 6 运行界面

7. 建立一个弹出式菜单，该菜单包括 4 个命令，分别为 "北京"、"南京"、"南昌" 和 "昆明"。程序运行后，单击弹出的菜单中的某个命令，即在标签中显示相应的城市名，在文本框中显示相应的名胜古迹和风景区的名字。

8. 设计一个画板程序，可以根据选择的线型的粗细、颜色，用鼠标的左键模拟笔在绘图区随意绘图。

9. 设计一个 MDI 父窗体，在其中可以实现 "层叠"、"横向平铺"、"纵向平铺"、"排列图标" 的功能。

9.2　习　　　题

一、选择题

1. 以下叙述中错误的是_____。

（A）在同一窗体的菜单项中，不允许出现 Name 属性相同的菜单项

（B）在菜单的标题栏中，"&" 所引导的字母指明了访问该菜单项的访问键

（C）程序运行过程中，可以重新设置菜单的 Visible 属性

（D）同一个窗体中的所有弹出式菜单都在同一个菜单编辑器中定义

2. 假设有 1 个菜单项，名称为 MenuItem，为了在运行时隐藏该菜单项，应使用的语句是_____。

（A）MenuItem.Enabled= True　　　（B）MenuItem.Enabled= False

（C）MenuItem.Visible=True　　　（D）MenuItem.Visible=False

3. 以下叙述中错误的是_____。

（A）每个菜单项都是 1 个控件，与普通控件一样，也有属性和事件

（B）菜单项只能响应 Click 事件

（C）菜单项的索引号必须从 1 开始

（D）菜单项的索引号可以不连续

4. 以下说法正确的是_____。

（A）任何时候都可以通过执行"工具"菜单中的"菜单编辑器"命令打开菜单编辑器

（B）只有当某个窗体为当前活动窗体时，才能打开菜单编辑器

（C）任何时候都可以通过单击标准工具栏上的"菜单编辑器"按钮打开菜单编辑器

（D）只有当代码窗口为当前活动窗口时，才能打开菜单编辑器

5. 假定已经在菜单编辑器中建立了窗体的弹出式菜单，其顶级菜单的名称为 a1，其"可见"属性为 False，则程序运行后，可以同时响应鼠标左键单击和右键单击的事件过程是_____。

（A）
```
Private Sub Form_MouseDown(Button As Integer,Shift As Integer, _
                           X As Single,Y As Single)
    If Button=1 And Button=2 Then
        PopupMenu a1
    EndIf
End Sub
```
（B）
```
Private Sub Form_MouseDown(Button As Integer,Shift As Integer, _
                           X As Single,Y As Single)
    PopupMenu a1
End Sub
```
（C）
```
Private Sub Form_MouseDown(Button As Integer,Shift As Integer, _
                           X As Single,Y As Single)
    If Button=1 Then
        PopupMenu a1
    EndIf
End Sub
```
（D）
```
Private Sub Form_MouseDown(Button As Integer,Shift As Integer, _
                           X As Single,Y As Single)
    If Button=2 Then
        PopupMenu a1
    EndIf
End Sub
```

6. 如果设置了通用对话框的以下属性：DefaultExt="doc"，FileName="c:\file1.txt"，Filter=" 应用程序 |*.exe"，则显示"打开"对话框时，在"文件类型"下拉列表中的默认文件类型是_____。

（A）应用程序 (*.exe)   （B）*.doc

（C）*.txt   （D）不确定

7. 在窗体上放置 1 个通用对话框 CommandDialog1 及 1 个命令按钮 Command1，编写程序：

```
Private Sub Command1_Click()
    CommandDialog1.Flags=cdlOFNHideReadOnly
    CommandDialog1.Filter="All Files(*.*)|*.*|Text Files(.txt)|*.txt" _
                           & "Batch Files(*.bat)|*.bat"
    CommandDialog1.FilterIndex=2
    CommandDialog1.ShowOpen
    MsgBox CommandDialog1.FileName
End Sub
```

程序运行后单击命令按钮，将显示 1 个"打开"对话框，此时在"文件类型"框中显示的是_____。

（A）All Files(*.*)   （B）Text Files(*.txt)

（C）Batch Files(*.bat)   （D）不确定

8. 假定通用对话框为 CommandDialog1，则能使打开的对话框的标题显示"New Title"的事件过程是_____。

（A）
```
Private Sub Command1_Click()
    CommandDialog1.DialogTitle="New Title"
    CommandDialog1.ShowPrinter
End Sub
```
（B）
```
Private Sub Command1_Click()
    CommandDialog1.DialogTitle="New Title"
    CommandDialog1.ShowFont
End Sub
```
（C）
```
Private Sub Command1_Click()
    CommandDialog1.DialogTitle="New Title"
    CommandDialog1.ShowOpen
End Sub
```
（D）
```
Private Sub Command1_Click()
    CommandDialog1.DialogTitle="New Title"
    CommandDialog1.ShowColor
End Sub
```

9. 使用通用对话框控件时，为了在打开的对话框的标题栏上显示"保存文件"，应设置的属性是_____。

（A）DialogTitle　　　　　　　　　　（B）FileName

（C）FileTile　　　　　　　　　　　　（D）FontName

10. 用通用对话框控件可以建立多种对话框，下列不能使用该控件建立的对话框是_____。

（A）"打开"对话框　　　　　　　　　（B）"另存为"对话框

（C）"显示"对话框　　　　　　　　　（D）"颜色"对话框

11. 关于多重窗体的叙述中，错误的是_____。

（A）用 Hide 方法不但可以隐藏窗体，而且能够清除内存中的窗体

（B）在多重窗体程序中，各窗体的菜单是彼此独立的

（C）在多重窗体程序中，可以根据需要指定启动窗体

（D）在多重窗体程序中，单独保存每个窗体

12. 在 VB 工程中，可以做为启动对象的是_____。

（A）任何窗体和工程模块　　　　　　（B）任何窗体和过程

（C）Sub Main 过程或其他任何模块　　（D）Sub Main 过程或任何窗体

二、程序设计题

1. 编写程序，建立由通用对话框控件提供的各种对话框。

2. 在窗体上建立 1 个两级菜单，该菜单含有"文件"、"帮助"（名称为 myfile 和 myhelp）2 个主菜单项，其中"文件"菜单包括"打开"、"关闭"、"退出"3 个子菜单项（名称分别为 open、close、exit），实现有关功能。

3. 编写一个程序，当按下 Alt+F5 组合键时终止程序执行。

第10章
数据文件

10.1 实　验

一、实验目的

1. 掌握文件的基本概念。
2. 掌握顺序文件的特点及操作语句。
3. 理解自定义类型的含义。
4. 掌握随机文件的特点及操作语句。
5. 掌握与文件操作有关的函数和语句。
6. 掌握文件系统控件及它们的联动应用。

二、知识介绍

1. 文件的基本概念。

（1）记录：是计算机处理数据的基本单位，它由若干个相关的数据项组成，相当于表格中的一行。

（2）文件：是指存储在外部介质（如磁盘）上的以文件名标识的数据集合。在 VB 中，文件由若干条记录组成，一条记录又可包括若干个数据项。

（3）文件分类：根据存放的介质可分为磁盘文件、打印文件等；根据存放的内容可分为程序文件和数据文件；根据存储数据的形式可分为 ASCII 码文件和二进制文件；根据组织、存放形式可分为顺序文件、随机文件和二进制文件。

- 顺序文件：普通的文本文件，必须顺序访问。
- 随机文件：可以按任意次序读写的文件，文件中的每条记录长度必须相同。在这种文件中，每条记录都有一个记录号，用来直接将数据存入指定位置或读取指定记录。
- 二进制文件：直接把二进制码存放在文件中，以字节数来定位数据。

（4）文件的操作过程。

对文件的操作一般需要以下 3 步。

- 打开（或建立）文件：指定要操作的文件名、文件类型、操作方式及文件号。
- 读写文件：计算机内存向外存文件传送数据，为写文件；将外存文件中的数据向内存传送，为读文件。文件打开后有一个指针，指向当前读写位置。
- 关闭文件：读写之后需要将数据送到缓冲区，否则将导致文件数据的丢失。

对文件做任何读写操作之前都必须先打开或建立文件。在 VB 中用 Open 语句来打开或建立一个文件，为文件进行的输入 / 输出提供一个缓冲区。数据文件的操作要通过有关的语句和函数来实现。

2. 顺序文件及操作。

（1）顺序文件：以 ASCII 码存放数据，可用文本编辑软件建立、编辑和显示。文件结构简单，记录可不等长，文件中记录的写入、存放与读出三者的顺序是一致的，即记录的逻辑顺序与物理顺序相同，适宜于对批量数据的处理。

（2）基本操作语句。

① 为写而打开文件

`Open` 文件名 `For Output As`【#】文件号

若指定打开的文件不存在，则新建该文件，若指定打开的文件已存在，则原有同名文件将会被覆盖，其中的数据将全部丢失。

`Open` 文件名 `For Append As`【#】文件号

与 Output 模式不同的是，指定打开的文件若已存在，在打开后原有内容不会被擦除，新记录将追加在其后面。

② 为读而打开文件

`Open` 文件名 `For Input As`【#】文件号

③ 写语句

`Print` #< 文件号 >【,< 输出列表 >】

`Write` #< 文件号 >【,< 输出列表 >】

后者输出的数据项之间自动插入 "，"，并给字符串加上双引号，以区分数据项和字符串类型；而前者数据项之间即无逗号分隔，对于字符串也不需要加双引号。因此，为了以后读取数据项方便，当输出列表有多个数据项组成时，建议使用 Write 语句。

④ 读语句

`Input` #< 文件号 >,< 变量列表 >

从已打开的顺序文件中读出数据并将数据指定给指定变量。

`Line Input` #< 文件号 >,< 字符串变量 >　　　'回车换行符不读入

从已打开的顺序文件中读出一行并将它分配给字符串变量。

`Input`$(< 读取的字符数 >,#< 文件号 >)　　　'回车换行符读入

从指定文件中读出指定数目的字符串。

⑤ 关闭文件

`Close`[#] 文件号]

把文件缓冲区的所有数据写到文件中，并释放与该文件相联系的文件号。

3. 随机文件及操作。

（1）随机文件：是以记录为单位进行操作的。需要用 Type…End Type 来声明用户自定义数据类型及声明该类型的变量来存储记录的数据内容。文件中每条记录等长，各数据项长度固定，每条记录都有唯一的记录号，读写文件按记录号对该记录读写；文件以二进制代码形式存放数据。适合对某条记录进行读写操作。

（2）定义记录类型。

`Type` 自定义数据类型名
　元素名 1 `As` 类型名
　元素名 2 `As` 类型名
　...

　　元素名 n As 类型名
End Type
（3）基本操作语句。

① 打开文件

Open 文件名 For Random As # 文件号【 Len= 记录长度 】

这里的记录长度：也可通过 Len（记录类型变量）函数自动获得。

② 写语句

Put < 文件号 >,【< 记录号 >】, 变量

把文件号指定的磁盘文件中的数据读到变量中。

③ 读语句

Get # 文件号 ,【< 记录号 >】, 变量

省略记录号，则表示在当前记录后插入或读出一条记录。

④ 关闭文件

Close[[#] 文件号]

（4） 随机文件的记录操作。

随机文件建立后，经常要对文件中的记录进行增加、删除和修改的操作。

4. 处理文件有关的函数和语句。

VB 提供的文件处理有关的语句和函数如表 10-1、表 10-2 所示。

表 10-1　　　　　　　　　　　　　　文件语句

语 句 形 式	作　用
FileCopy 源文件名，目标文件名	文件复制
Kill 文件名	文件删除，可出现通配符
Name 旧文件名 as 新文件名	文件重命名
ChDrive 驱动器名	改变当前驱动器
ChDir 路径	改变当前目录
MKDir 路径	创建新目录
RmDir 路径	删除目录
SetAttr 文件名，属性	给文件设置属性
Seek # 文件号，位置	定位文件指针

注意 　　上述语句用于文件操作时，文件必须是关闭的。

表 10-2　　　　　　　　　　　　　　文件函数

函 数 形 式	作　用
LOF()	返回打开文件占有的字节总数
EOF()	判断文件读写指针是否达到文件尾
LOC()	返回文件当前读写的位置
Len()	指定变量的长度
CurDir（文件名）	获得当前文件的路径

5. 文件系统控件。

VB 提供的文件系统控件主要属性和事件如表 10-3 所示。

表 10-3　　　　　　　　　　文件系统控件的主要属性和事件

控　　　件	主　要　属　性	主　要　事　件
驱动器列表框（DriveListBox）	Drive	Change
目录列表框（DirListBox）	Path	Change
文件列表框（FileListBox）	Path、FileName 和 Pattern	Click、DblClick

（1）文件列表框的 FileName 属性不包括路径名，这一点与通用对话框中的 FileName 属性不同。如果要在程序中浏览文件或做进一步的操作，如打开、复制等，就必须获得全路径的文件名。

通常可以采用文件列表框的 Path 属性值和 File 属性值字符串连接的方法来获取带全路径的文件名。但必须首先判断 Path 属性值的最后一个字符是否是目录分隔符 "\"，如果不是，应添加一个分隔符 "\"，以保证目录分隔正确，例如可以编写如下代码来获取全路径的文件名。

```
If Right(Filel.Path,1)="\"Then
    fname$=Filel.Path & file.FileName
Else
    fname$=Filel.Path &"\"& Filel.FileName
End If
```

（2）要使 3 个控件有机地联系起来，必须用到两个事件过程 DFrive1_Change() 和 Dir1_Change()（假定控件使用默认名称）。

（3）要使显示的是某种类型的文件，必须要增加组合框控件，然后通过对文件列表框控件的 Pattern 属性进行设置实现。文件系统控件除了上述主要属性外，它们都具有列表框的共同属性，即 List、LlistCount、listIndex、ListText 等。

6. 常见问题分析。

（1）Open 语句中的文件名书写错误，导致出现 "文件未找到" 的出错信息。

例如：从磁盘上读入文件名为 "c:\temp\t1.txt" 书写成：

```
Open"c:\temp\t1.txt" for Input As #1
```
正确的书写如下：

```
Open"c:\temp\t1.txt" for Input As #1  '文件名可是常量，但两边要用双引号。
```
如下书写也正确：

```
Open F for Input As #1                '文件名也可以是字符串变量，但变量两边不要用双引号，
  （假设 Dim F .as String : F="c:\TEMP\t1.txt")
```
（2）文件没有关闭又被打开，显示 "文件已打开" 的出错信息。

例如：如下语句：

```
Open "c:\temp\t1.txt" for Input As #1
Print F
Open "c:\temp\t1.txt" for Input As #1
Print " 2"; F
```
此时执行到第 2 句 Open 语句就会显示 "文件已打开" 的出错信息。

（3）当顺序文件内容中含有汉字时，使用 Input（Lof（#文件号），文件号）函数读入，会遇到"输入超出文件尾"的错误。

LOF() 函数获得的是文件内容的字节数，它是以 Windows 系统对字符采用 DBCS 码，即西文单字节，中文双字节；而 Input() 函数读的是文件的字符数，即一个西文字符和一个汉字均为一个字符。因此，为了防止此类错误的发生，一般利用 Line Input 语句逐行读入最安全。

（4）随机文件的记录长度不定长，会引起不能正常存取数据。

随机文件是按记录为单位存取的，而且每条记录长度必须固定，一般利用 Type 定义记录类型。当记录中的某个成员为 String 时，必须是定长，即 string*n，n 是常数，否则要影响对文件的存取。

（5）如何读出随机文件中的所有记录？

随机文件是按记录号读取的，当不知道记录号或要全部读出记录时，只要采用循环结构加无记录号的 Get 语句即可。实现的程序段如下：

```
Do while not eof()
    Get #1,,j
    Print j;
Loop
```

随机文件读 / 写时可不写记录号，表示读时自动读下一条记录，写时自动插入到当前记录后。

（6）如何在目录列表框中表示当前选定的目录？

在程序运行时，双击目录列表框的某目录项，则将该目录项改变为当前目录，其 Dir1.Path 值做相应的改变。而当单击选定该目录项时，Dir1.Path 的值并没有改变。为了对选定的目录项进行有关的操作，即与 ListBox 控件中某列表项的选定相对应，则表示如下：

```
Dir1.List(Dir1.ListIndex)
```

（7）如何将文件系统的 3 个控件自动关联？

要 3 个控件产生关联，需要使用下面两个事件过程：

```
' 当用户选择新的驱动器时触发，驱动器列表框 Drive1 与目录列表框 Dir1 的同步。
Private Sub Drive1_Change()
    Dir1.Path=Drive1.Drive
End Sub
' 当用户选择新的目录时触发，目录列表框 Dir1 与文件列表框 File1 的同步。
Private Sub Dir1_Change()
    File1.Path=Dir1.Path
End Sub
```

三、实验示例

【例 10-1】顺序文件的使用。假定在当前目录中有顺序文件 in1.txt。

界面设计如图 10-1 所示，单击"输入"按钮，则从当前文件夹中读入 in1.txt 文件，放入 Text1 中显示；单击"转换"按钮，则把 Text1 中的所有小写字母转换成大写字母；单击"保存"按钮，则把 Text1 中的内容存入当前文件夹中的 out1.txt 文件中。

（1）设计界面，如图 10-1 所示。

（2）设置对象属性，如表 10-4 所示。

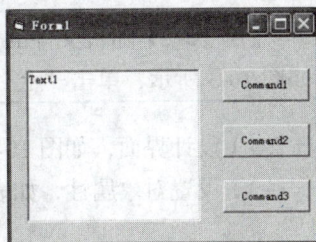

图 10-1　设计界面

表 10-4　　　　　　　　　　　　　　　属性设置

控 件 名	属 性 名	属 性 值	说　　明
Command1	Caption	输入	按钮的标题
Command2	Caption	转换	按钮的标题
Command3	Caption	保存	按钮的标题
Form1	Caption	顺序文件	窗体的标题
Text1	Text	" "	清空内容
	Multiline	True	允许多行
	ScrollBars	2	有垂直滚动条

（3）对象事件代码。

```
Private Sub Command1_Click()              '从 in1.txt 文件中读取数据显示在文本框中
    Open App.Path & "\" & "in1.txt" For Input As #1
    Dim a As String, b As String
    a = ""
    Do While Not EOF(1)
      Line Input #1, b                    '逐行读入
      a = a & b & Chr(13) & Chr(10)
    Loop
    Close #1
    Text1.Text = a
End Sub

Private Sub Command2_Click()              '大小写转换
    Text1.Text = UCase(Text1.Text)
End Sub

Private Sub Command3_Click()              '将转换后的内容写到 out1.txt 文件中
    Open App.Path & "\" & "out1.txt" For Output As #1
    Print #1, Text1.Text              '写入
    Close #1
End Sub
```

（4）运行结果如图 10-2 所示。

> 程序中使用了系统对象 app.path 来获得应用程序的路径，程序运行时数据文件必须与应用程序在同一个文件夹中。

【例 10-2】随机文件的使用。假定在当前目录中有工资信息的随机文件 data.txt，界面设计如图 10-3 所示，单击"上一条"按钮和"下一条"按钮来浏览工资记录。

（1）设计界面，如图 10-3 所示。
（2）设置对象属性，如表 10-5 所示。

图 10-2 运行结果

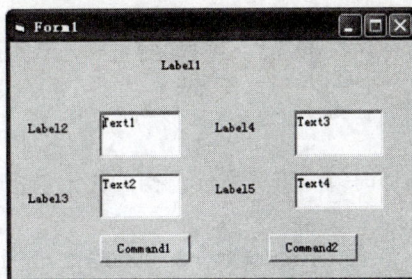

图 10-3 设计界面

表 10-5 属性设置

控 件 名	属 性 名	属 性 值	说 明
Form1	Caption	随机文件	窗体的标题
Command1	Caption	上一条	按钮的标题
	Name	cmdPrev	按钮的名称
Command2	Caption	下一条	按钮的标题
	Name	cmdNext	按钮的名称
Label1	Caption	工资浏览	标签的标题
Label2	Caption	部门	标签的标题
Label3	Caption	姓名	标签的标题
Label4	Caption	基本工资	标签的标题
Label5	Caption	奖金	标签的标题
Text1	Text	" "	清空内容
Text2	Text	" "	清空内容
Text3	Text	" "	清空内容
Text4	Text	" "	清空内容

（3）对象事件代码。

在窗体模块的"通用"部分用 Private 声明用户自定义数据类型，并声明自定义类型的变量 gz、记录指针 RecoNumber。

```
Private Type gongzi
  department As String * 10            '部门
  name As String * 6                   '姓名
  basicsalary As String * 6            '基本工资
  bonus As String * 6                  '奖金
End Type
  Dim gz As gongzi                     '记录类型变量
  Dim reconumber As Integer            '记录指针

Private Sub getrecord()                '通用过程，从文件中读出一条记录
    Get #1, Reconumber, gz
    With gz
      Text1.Text = .department
```

```
        Text2.Text = .name
        Text3.Text = .basicsalary
        Text4.Text = .bonus
    End With
End Sub
```

装载窗体时打开工资文件，初始化记录指针，并读入第一条记录。

```
Private Sub Form_Load()
    Open App.Path & "\" & "data.txt" For Random As #1 Len = Len(gz)
    Reconumber = 0                              ' 初始化记录指针
    CmdPrev.Enabled = false                     ' 上一条按钮不可用
    Call CmdNext_Click                          ' 调用下一条按钮单击事件
End Sub


Private Sub CmdNext_Click()                     ' 向下浏览记录
    If reconumber >= 1 Then cmdprev.Enabled = False
    If reconumber >= LOF(1) / Len(gz) Then       ' 记录指针的位置超过记录总数
     cmdnext.Enabled = False
     cmdprev.Enabled = True
    Else
     reconumber = reconumber + 1                 ' 记录指针位置下移
     Call getrecord                              ' 调用通用过程，从文件中读出记录
    End If
End Sub

Private Sub CmdPrev_Click()                     ' 向上浏览记录
    reconumber = reconumber - 1                 ' 记录指针位置上移
    If reconumber <= LOF(1) / Len(gz) Then       ' 记录指针的位置不超过记录总数
     cmdnext.Enabled = False
     cmdprev.Enabled = True
     Call getrecord                              ' 调用通用过程，从文件中读出记录
    End If
    If reconumber <= 1 Then
     cmdnext.Enabled = True
     cmdprev.Enabled = False
    End if
End Sub
```

（4）运行结果如图 10-4 所示。

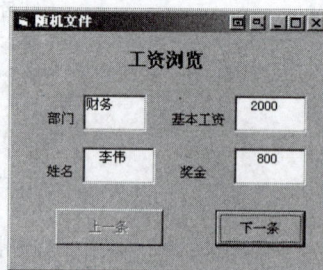

图 10-4　例 10-2 运行结果

【例 10-3】设计简单文本编辑器。使用文件系统控件，在文本框中显示当前选中的带路径的文件名，也可直接输入路径和文件名，建立命令按钮，实现对指定文件的打开、保存和删除操作。运行结果如图 10-5 所示。

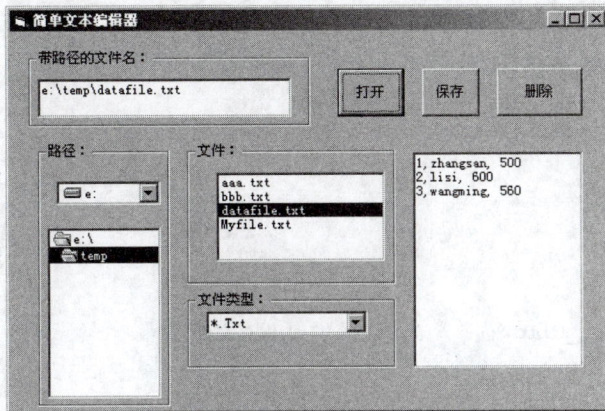

图 10-5　例 10-3 运行结果

主要控件属性如表 10-6 所示。

表 10-6　　　　　　　　　　　　设置主要控件属性

对　象	属　性	属　性　值	说　明
窗体	Name（Forml）	Caption（"简单文本编辑器"）	
框架 1	Name（Framel）	Caption（"带路径的文件名："）	
框架 2	Name（Frame2）	Caption（"路径："）	
框架 3	Name（Frame3）	Caption（"文件："）	
框架 4	Name（Frame4）	Caption（"文件类型："）	
文本框 1	Name（txtFile）	Text（"　"）	显示打开文件的内容
文本框 2	Name（txtFilename）	Text（"　"）	显示选中的文件名
命令按钮 1	Name（cmdOpen）	Caption（"打开"）	
命令按钮 2	Name（cmdSave）	Caption（"保存"）	
命令按钮 3	Name（cmdDelete）	Caption（"删除"）	
驱动器列表框 1	Name（Drive1）		
目录列表框 1	Name（Dir1）		
文件列表框 1	Name（File1）		
组合框 1	Name（Combo1）		

程序代码如下：

```
Private Sub cmddelete_Click()                '删除文件
    Kill txtfilename
    txtfilename.Text = ""
    txtfile = «»
    Filel.Refresh
```

```
        End Sub

    Private Sub cmdopen_Click()                 '打开文件，并将其内容显示在文本中
        Dim InputStr As String
        txtfile = ""
        If txtfilename <> "" Then
          Open txtfilename For Input As #1
          Do While Not EOF(1)
          Line Input #1, InputStr
          txtfile = txtfile & InputStr & Chr(13) & Chr(10)
          Loop
          Close #1
          End If
    End Sub


    Private Sub cmdsave_Click()                 '保存文件
        Open txtfilename For Output As #1
          Print #1, txtfile
          Close #1
          File1.Refresh                         '刷新文件列表框的显示
    End Sub


    Private Sub Combo1_click()                  '设置文件列表框中显示的文件类型
        File1.Pattern = Combo1.Text
    End Sub


    Private Sub Dir1_Change()                   '使文件列表框与目录列表框关联
        File1.Path = Dir1.Path
    End Sub


    Private Sub Drive1_Change()                 '使目录列表框与驱动器列表框关联
        Dir1.Path = Drive1.Drive
    End Sub

    Private Sub File1_Click()                   '单击选中的文件，则将全路径文件名显示在文本框中
        If Right(File1.Path, 1) = "\" Then
        txtfilename = File1.Path & File1.FileName
        Else
          txtfilename = File1.Path & "\" & File1.FileName
          End If
    End Sub
    Private Sub Form_Load()                     '初始化部分属性
        txtfile = ""
        txtfilename = ""
        Combo1.AddItem "*.Txt"
        Combo1.AddItem "*.Dat"
        Combo1.AddItem "*.*"
        Combo1.Text = "*.*"
      File1.Pattern = " *.*"
    End Sub
```

思考与讨论

（1）目录列表框的 Path 属性字符串中最后一个字符是"\"吗？

（2）语句 Filel. Refresh 的功能是什么？

【例 10-4】 调试下列程序段，说明程序的功能。

（1）

```
Private sub command1_click()
    Dim s$
    Open "t1.txt" for Append as #1
    Open "t2.txt" for Input as #2
    Do while Not Eof(2)
     Line Input #2,s
      Print #1,s
    Loop
    Close #1,#2
End sub
```

> **说明**　将两个文本文件进行合并。

（2）

```
Private sub Form_load()
    Open " c:\stud1.txt " for Output as #1
    Text1.text= " "
End sub

Private sub Text1_keypress(keyAscii as integer)
    If keyAscii=13 then
      If Ucase(Text1.text)= " END " then
        close #1
        End
      Else
          Print #1,text1.text
          Text1.text= " "
      End if
    End if
End sub
```

> **说明**　建立文件名为 "c:\stud1.txt" 的顺序文件，内容来自文本框，每按回车键向文件中写入一条记录，然后清除文本框中的内容，直到文本框内输入 "END" 字符串。

（3）

```
Type stud
  No as integer
```

```
    Name as string *10
    Cj as single
End type
Private sub command1_click()
    Dim s as stud,d as stud
    Open " c:\stud.dat " for Random as #1 Len=Len(s)
    Get #1,5,s
    Print s.no,s.name,s.Cj
    s.cj=s.cj+5
    put #1,5,s
    Get #1,5,d
    Print s.no,s.name,s.Cj
    Close #1
End sub
```

说明　　对已建立的有若干条记录的文件名为 "c:\stud.dat" 的随机文件，读出记录号为 5 的记录，显示在窗体上，然后将其成绩加 5 分后，写入到原记录的位置，再读出显示修改成功与否。

四、上机实验

1. 编写程序，设计如图 10-6 所示的月历格式，在窗体上输出并把结果存储在当前路径下的月历 .txt 顺序文件中。

提示　　在当前路径下建立文件的语句为：

```
Open App.Path & "\" & "月历.txt" For Output As #1
```

月历的格式可利用循环结构来设计，每 7 个数换一行。

```
For i = 1 To 31
 If i < 10 Then Print " ";: Print #1, " ";    '1 位数前加一个空格
    Print " "; i;                              '输出到屏幕上
    Print #1, "  "; i;                         '输出到文件中
  If i Mod 7 = 0 Then                          '每 7 个数换一行
    Print
    Print #1,
  End If
Next i
```

2. 分别用 Print 和 Write 两种格式在 C 盘建立一个具有若干个学生信息的文本文件 "t1.txt" 和 "t2.txt"（内容包括姓名 $、专业 $、年龄 %）；然后从磁盘以行读方式读入，并分别显示在两个文本框中，比较之间的区别，如图 10-7 所示。

提示　　可利用循环结构进行若干学生信息的输入。

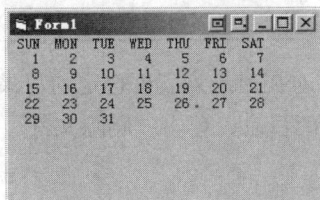

图 10-6　上机实验 1 运行结果

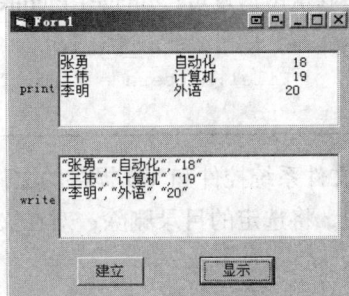

图 10-7　上机实验 2 运行结果

3. 编写应用程序，运行结果如图 10-8 所示，功能如下。

（1）在当前路径下建立一个随机文件 worker.dat，管理某单位的职工信息，其中每条记录由姓名、性别、工资组成。

（2）可以浏览记录。

（3）可以增加、删除、修改更新记录。

可参考主教材的例 10.6。

4. 建立一个图形浏览器。在窗体上放置驱动器列表框、目录列表框、文件列表框、标签和图像框，如图 10-9 所示。

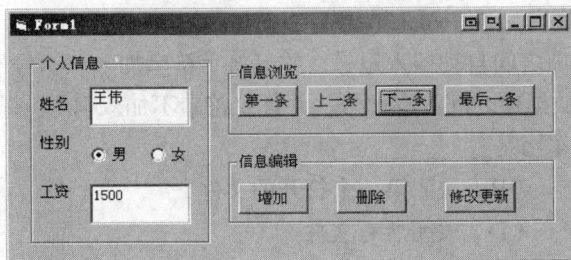

图 10-8　上机实验 3 运行界面

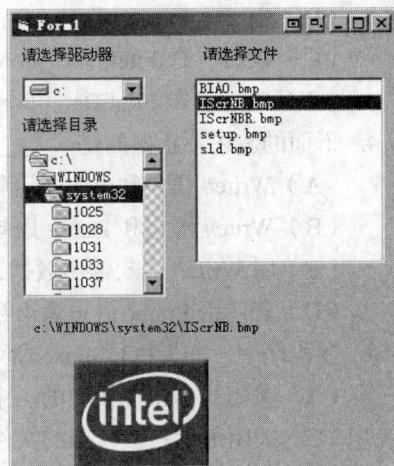

图 10-9　上机实验 4 运行界面

要求如下。

（1）组合框仅列出扩展名为 bmp 的图形文件。

（2）当单击某图形文件后能在图像框中显示图形，并在标签中显示文件的路径及名称。

显示图像语句：Image1.Picture = LoadPicture(图像文件名)

```
Private Sub Form_Load()                          ' 设置文件列表框中显示的文件类型
    File1.Pattern = "*.bmp"
End Sub
```

提示

5. 利用文件系统控件和 VB 提供的文件和命令操作，对在目录列表框选定的目录，单击"删除目录"按钮，将选定的目录删除；对在文件列表框选定的目录，单击"删除文件"按钮，将选定的文件删除。

10.2　习　　题

一、选择题

1. 下面关于文件的叙述，不正确的是_____。

（A）顺序文件中的记录是一个接一个地顺序存放

（B）随机文件的记录长度是随机的

（C）执行打开文件的命令后，自动生成一个文件指针

（D）LOF() 函数返回给文件分配的字节数

2. 文件号最大可取的值为_____。

（A）255　　　　　　　　　　　　　（B）511

（C）256　　　　　　　　　　　　　（D）512

3. 要在 C 盘根目录下建立名为 File.dat 的顺序文件，应先使用_____语句。

（A）Open" Filel.dat" For Input As #1

（B）Open" Filel.dat" For Output As #1

（C）Open" C:\Filel.Dat" For Input As #1

（D）Open" C:\Filel.Dat" For Output As #1

4. 下面的叙述不正确的是_____。

（A）Write# 语句和 Print# 语句建立的顺序文件格式完全一样

（B）Write# 语句和 Print# 语句都能实现向文件中写入数据

（C）用 Write# 语句输出数据，各数据项之间自动插入逗号，并且将字符串加上双引号

（D）若使用 Print# 语句输出数据，各数据项之间没有逗号，并且字符串不加双引号

5. 在程序中，如果执行 close 命令，则其作用是_____。

（A）关闭当前正在使用的一个文件　　（B）关闭第一个打开的文件

（C）关闭最近一次打开的文件　　　　（D）关闭所有文件

6. 为建立随机文件，每一条记录由多个不同数据类型的数据项组成，应用_____。

（A）记录类型　　　　　　　　　　　（B）数组

（C）字符串类型　　　　　　　　　　（D）变体类型

7. 假定在窗体 form1 的"代码"窗口中定义如下记录类型：

```
Private Type animal
    Name as string *10
```

```
        Color as string *10
    End type
```
在窗体上单击命令按钮 command1，执行如下事件过程：
```
    Private sun command1_click()
        Dim rec as animal
        Open  " c:\vbtest.dat " for Random as #1 len=len(rec)
        Rec.Name= " cat "
        Rec.Color= " white "
        Put #1,,rec
        Close #1
    End sub
```
则以下叙述中正确的是_____。

（A）记录类型 animal 不能在 form1 中定义，必须在标准模块中定义

（B）如果文件 " c:\vbtest.dat " 不存在，则 open 命令执行失败

（C）由于 put 命令中没有指明记录号，因此每次都把记录写到文件的末尾

（D）语句 " put #1,,rec " 将 animal 类型的两个数据元素写到文件中

8. 对已定义好的学生记录类型，要在内存存放 10 个学生的信息，如下数组声明：
```
        dim s(1 to 10) as stud
```
则要表示第 3 个学生的第 3 门课程和该生的姓名，下列语句中_____正确。

（A）s(3).mark(3),s(3).name　　　　（B）s3.mark(3),s3.name

（C）s(3).mark,s(3).name　　　　　　（D）with s(3)

　　　　　　　　　　　　　　　　　　　　　.mark

　　　　　　　　　　　　　　　　　　　　　.name

　　　　　　　　　　　　　　　　　　　End with

9. 要判别顺序文件中的数据是否读完，应使用_____函数。

（A）LOF　　　　　　　　　　　　　（B）LOC

（C）EOF　　　　　　　　　　　　　（D）FreeFile

10. 下列属性中，目录列表框和文件列表框都有的属性是_____。

（A）List　　　　　　　　　　　　　（B）Path

（C）Value　　　　　　　　　　　　（D）Pattern

11. Kill 语句在 Visual Basic 中的功能是_____。

（A）杀病毒　　　　　　　　　　　　（B）清屏幕

（C）清内存　　　　　　　　　　　　（D）删除文件

12. 改变驱动器列表框的 Drive 属性将激活_____事件。

（A）Change　　　　　　　　　　　（1B）KeyDown

（C）Click　　　　　　　　　　　　（D）MouseDown

13. 目录列表框的 Path 属性的作用是_____。

（A）显示当前驱动器或指定驱动器上的路径。

（B）显示当前驱动器或指定驱动器上的某目录下的文件名。

（C）显示根目录下的文件名。

（D）只显示当前路径下的文件。

二、填空题

1. 在 D 盘建立一个名为 stu.txt 的顺序文件, 存入 5 名学生的学号(stuNunl)、姓名(stuName)、成绩(stuMark), 请将程序中①、②、③处语句补充完整。

```
Private Sub Form_click()
        _____①_____
    For i=1 To 5
      stuNum=InputBox ( "请输入学号: ")
      stuName=InputBox ( "请输入姓名: ")
      stuMark=InputBox ( "请输入成绩: ")
        _____②_____
    Next i
        _____③_____
End Sub
```

2. 打开上题中建立的顺序文件 stu.txt, 读文件中的数据并显示在窗体上, 请将程序中①、②、③处的语句补充完整。

```
Private Sub Form_Click()
        _____①_____
    Do while _____②_____
        _____③_____
        Print stuNum,stuName,stuMark
    Loop
    Close # 1
End sub
```

3. 在 D 盘上建立随机文件 F1.dat, 存放职工的姓名和工资, 然后把该文件中的数据读出显示。请将程序中①、②、③、④处的语句补充完整。

```
Type worker
    name As String*10
    pay as single
End Type
Dim work1 as worker
 Private Sub Commandl_Click()
        _____①_____
    Work1.name= "王山" :work1.pay=1000#
            _____②_____
    Close #1
      Open " D:\F1.dat " for Random As #1 Len=Len(workl)
        _____③_____
    Print "姓名: " ;work1.name, "工资: " ;work1.pay
            _____④_____
End Sub
```

第11章
图形操作

11.1 实 验

一、实验目的

1. 熟悉 VB 的图形功能及建立图形坐标系的方法。
2. 掌握图形控件、图形方法及常用几何图形的绘制。
3. 掌握简单动画设计的基本方法及图形缩放的简单方法。

二、知识介绍

1. 坐标系。

构成一个坐标系需要 3 个要素：坐标原点、坐标度量单位、坐标轴的长度与方向。坐标度量单位由容器对象的 ScaleMode 属性决定（见主教材表 11-1）。默认的坐标原点（0，0）为对象的左上角，横向向右为 X 轴的正向，纵向向下为 Y 轴的正向。

2. 图形控件。

形状（Shape）和画线（Line）控件可用于在窗体表面画图形元素。这些控件不支持任何事件，只用于表面装饰。可在设计时通过设置其属性来确定显示某种图形，也可在程序运行时修改属性来动态的显示图形。

（1）Shape 控件。

Shape 控件预定义了 6 种形状，通过设置 Shape 控件的 Shape 属性值来实现所需的形状（见主教材表 11-4）。也可以在运行阶段改变 Shape 属性值，格式：

`[ object.] Shape[ =Value]`

可以在容器中绘制 Shape 控件，但不能将该控件当容器。

（2）Line 控件。

Line 控件用于在窗体、图片框和框架中画各种直线段，既可在设计时通过设置线的端点坐标来画直线，也可在程序运行时动态的改变直线的各种属性。在设计时，可以使用 Line 控件在窗体上可视化的安排直线的位置、长度、颜色、宽度、实虚线等属性，但运行时不能使用 Move 方法移动 Line 控件，不过可以通过改变 x1、x2、y1、y2 属性来移动它或调整它的大小。

3. 常用绘图方法。

（1）画点方法。

Pset 方法可在对象指定的位置（x，y），按确定的像素颜色画点，格式：

```
[object.] Pset [Step] (x, y)[ ,color]
```
其中：

object 为可选的对象表达式，若省略 object，具有焦点的窗体作为 object。

Step 为可选的关键字，指定相对于有 CurrentX 和 CurrentY 属性提供的当前图形位置的坐标。

(x，y) 为必须的一对单精度数，设置点的水平和垂直坐标。

color 为可选的长整型数，为该点指定的 RGB 颜色。若省略，则使用当前的 ForeColor 属性值。

（2）画线、矩形方法。

Line 方法可在对象上的两点之间画直线或矩形，格式：

```
[object.] Line [Step] [ (x1, y1)] -[ Step] (x2, y2)[ ,color][ ,B[ F]]
```
其中：

（x1，y1）是可选的，是直线或矩形的起点坐标，若省略，则起点位于由 CurrentX 和 CurrentY 指示的位置；（x2，y2）是可选的，是直线或矩形的终点坐标；color 为可选的，设置直线或矩形的颜色，若省略，则使用当前的 ForeColor 属性值；B 为可选，若选择 B，则以（x1，y1）为左上角坐标，（x2，y2）为右下角坐标画出矩形；F 为可选，若使用了 B 选项，则 F 规定矩形以矩形边框的颜色填充。

（3）画圆方法（Circle）。

Circle 方法可在对象上画圆、椭圆或弧。格式：

```
[object.] Circle [Step] (x, y), radius[ ,color, start, end, aspect]
```
其中：

Step 为可选，指定圆、椭圆或弧的中心相对于当前 object 的 CurrentX 和 CurrentY 属性提供的坐标。

（x，y）指定圆、椭圆或弧的中心坐标。

object 的 ScaleMode 属性决定了使用的度量单位。radius 指定圆、椭圆或弧的半径。

color 可选，若省略，则使用 ForeColor 属性值。

start 和 end 指定弧或扇形的起点和终点位置。其范围是 $-2*\pi$ 到 $2*\pi$，起点的默认值是 0，终点的默认值是 $2*\pi$。

aspect 为垂直半径与水平半径之比，不能为负数。若 aspect>1，则椭圆沿垂直方向拉长；若 aspect<1，则椭圆沿水平方向拉长；默认值为 1，在屏幕上产生一个标准圆。

可以省略语法中的某个参数，但不能省略逗号分隔符。

（4）清除图形方法（Cls）。

Cls 方法运行时将清除 Form 或 PictureBox 所生成的图形和文本，格式：

```
[object.] Cls
```
Cls 将清除图形和打印语句在运行时所产生的文本和图形，但设计时在 Form 中使用 Picture 属性设置的背景位图和放置的控件不受影响。

Cls 方法的使用与 AutoRedraw 属性的设置有很大的关系。若调用 Cls 前 AutoRedraw 属性设置为 False，调用时该属性设置为 True，则放置在 Form 或 PictueBox 中的图形和文本不受影响，即通过对正在处理的对象的 AutoRedraw 属性进行操作，可保持 Form 或 PictureBox 中的图形和文本；若调用 Cls 前，AutoRedraw 属性设置为 True，则 Cls 可以清除所有运行时产生的图形和文本。调用 Cls 后，object 的 CurrentX 和 CurrentY 属性复位为 0。

（5）绘图语句和 Paint 事件。

窗体和 PictureBox 图片框都有 Paint 事件，通过使用 Paint 事件过程，可保证必要的图形都得以重现。

若 AutoRedraw 属性为 True 时，将自动重画，Paint 事件不起作用。

在 Resize 事件过程中使用 Refresh 方法，可在每次调整窗体大小时强制对所有对象通过 Paint 事件进行重画。

（6）绘图属性。

① AutoRedraw 属性。

若要让绘制在窗体上或控件上的图形能保持，就需使用 AutoRedraw 属性。

AutoRedraw 属性返回或设置从图形方法到持久图形的输出，语法：

```
[object.]AutoRedraw[ =Boolean]
```
其中：

object 为对象表达式，指窗体或图片框，boolean 为逻辑表达式，指定如何重绘对象。Boolean 的设置如表 11-1 所示。

表 11-1　　　　　　　　　　　　　　　AutoRedraw 属性

属　性　值	说　　明
True	使 Form 对象或 PictureBox 控件的自动重绘有效。图形和文本输出到屏幕，并存储在内存的图象中。该对象不接受绘制事件，必要时，用存储在内存中的图象进行重绘
False（默认值）	使对象的自动重绘无效，且将图形或文本只写到屏幕上，当要重绘该对象时，VB 会激活对象绘制事件

② DrawMode 属性。

DrawMode 属性决定由图形方法或 Shape 控件及 Line 控件所绘制线条的真实颜色。

DrawMode 属性的语法：

```
[object.]DrawMode[ =number]
```
其中：

number 的设置值为 1 到 16，可分为 5 类，分别见表 11-2、表 11-3、表 11-4、表 11-5、表 11-6。

表 11-2　　　　　　　　　　　　最简单的 DrawMode 功能

值	功　　能
1	像素变黑
16	像素变白
11	像素颜色保持不变
6	像素变成其补色，即所有颜色数据取反

在这 4 种变化中，DrawMode 不考虑 ForeColor，只设置像素的当前颜色。

表 11-3　　　　　　　　　与前景色 ForeColor 有关的 DrawMode 功能

值	功　　能
13	像素变成前景色 ForeColor
4	像素变成前景色 ForeColor 的补色

在这两种变化中，像素颜色只与 ForeColor 有关，而与 BackColor 无关。

表 11-4　　　　　　　　　　　与 Xor 有关的 DrawMode 功能

值	功　能
7	将当前颜色与 ForeColor 进行异或（Xor）操作
10	将当前颜色与 ForeColor 进行异或（Xor）操作，再将操作结果进行非（Not）操作

DrawMode 的这种功能与 ForeColor 和当前颜色有关。任何颜色与其自身进行 Xor 操作将产生黑色，进行 Not 操作将产生白色。

表 11-5　　　　　　　　　　　DrawMode 的合并功能

值	功　能
15	将当前颜色与笔颜色进行（Or）操作
2	将当前颜色与笔颜色进行（Or）操作后，再对结果进行（Not）操作
12	先对笔颜色进行（Not）操作，后再与当前颜色进行（Or）组合
14	先对当前颜色进行（Not）操作，再与笔颜色进行（Or）组合

表 11-6　　　　　　　　　　　DrawMode 的 Mask 类操作功能

值	功　能
9	将笔颜色与当前颜色进行 And 操作
8	将笔颜色与当前颜色进行 And 操作，然后再对结果进行 Not 操作
3	先对笔颜色进行 Not 操作，再将结果与笔颜色进行 And 操作
5	先对当前颜色进行 Not 操作，再将结果与笔颜色进行 And 操作

在 DrawMode 的 16 种设置中，只有值为 1、6、7、11、13、16 的结果是能预测到的。充分利用 DrawMode 属性的 Xor 方式，可以方便地产生动画。

③ DrawWidth 属性和 DrawStyle 属性。

● DrawWidth 属性

DrawWidth 属性的语法：

`[ object.] DrawWidth [ =vsize]`

窗体、图片的 DrawWidth 属性可以用于设置绘图线的宽度，设置值以像素为单位，设置后将影响 Pset、Line、Circle 方法，设置值 size 的范围是 1 到 32677，默认值为 1。

● DrawStyle 属性

DrawStyle 属性的语法：

`[ object.] DrawStyle [ =number]`

DrawStyle 属性用于指定用图形方式创建的线是实线还是虚线。DrawStyle 属性共有 7 种设置值 0 到 6（见主教材表 11-2），用于产生不同间隔的实、虚线，默认设置值为 0（实线）。

● FillColor 属性和 FillStyle 属性

利用 FillColor 属性和 FillStyle 属性，可以对已经绘制好的封闭图形和 Shpae 控件设置并填充图案。其中 FillStyle 有 0 ~ 7 共 8 种选择，当需要填充图案时，填充的颜色由 FillColor 属性确定，填充的图案样式（见主教材表 11-3）。FillColor 属性和 FillStyle 属性的语法分别如下：

```
[ object.] FillColor [ =value]
[ object.] FillStyle [ =number]
```

（7）颜色设置。

① 颜色属性。

窗体和图片框都有两个关于颜色的属性 BackColor 和 ForeColor。其中 BackColor 属性决定了绘画区的背景颜色；ForeColor 属性决定了对象上绘制的文本或图形的颜色。

② 颜色函数。

● RGB 函数

RGB 函数的语法：

```
RGB(red, green, blue)
```

其中：red、green、blue 分别代表红色成分、绿色成分、蓝色成分，取值范围都是 0 ~ 255。RGB 函数采用红、绿、蓝三基色原理，返回一个长整数，用于表示一个 RGB 颜色值，见表 11-7。

表 11-7　　　　　　　　　　标准颜色 RGB 值

颜　　色	红　色　值	绿　色　值	蓝　色　值
黑色	0	0	0
蓝色	0	0	255
绿色	0	255	0
青色	0	255	255
红色	255	0	0
洋红色	255	0	255
黄色	255	255	0
白色	255	255	255

● QBColor 函数

QBColor 函数返回一个用于表示所对应颜色值的 RGB 颜色码，语法：

```
QBColor(color)
```

其中：

color 是一个介于 0 ~ 15 的整数，color 的设置值如表 11-8 所示。

表 11-8　　　　　　　　　　Color 设置值

Color 值	颜　　色	对应的 RGB 值	Color 值	颜　　色	对应的 RGB 值
0	黑色	RGB(0,0,0)	8	灰色	RGB(64,64,64)
1	蓝色	RGB(0,0,191)	9	亮蓝色	RGB(0,0,255)
2	绿色	RGB(0,191,0)	10	亮绿色	RGB(0,255,0)
3	青色	RGB(0,191,191)	11	亮青色	RGB(0,255,255)
4	红色	RGB(191,0,0)	12	亮红色	RGB(255,0,0)
5	洋红色	RGB(191,0,191)	13	亮洋红色	RGB(255,0,255)
6	黄色	RGB(191,191,0)	14	亮黄色	RGB(255,255,0)
7	白色	RGB(191,191,191)	15	亮白色	RGB(255,255,255)

③ 内部颜色常量。

VB 将常用的颜色值均定义成内部常量，见表 11-9。

表 11-9 内部颜色常量

常　　量	值（十六进制）	描　　述	常　　量	值（十六进制）	描　　述
vbBlack	&h0	黑色	vbRed	&hff	红色
vbGreen	&hff00	绿色	vbYellow	&hffff	洋红色
vbBlue	&hff0000	蓝色	vbMagenta	&hff00ff	黄色
vbCyan	&hffff00	青色	vbWhite	&hffffff	白色

4. 图片显示控件。

图片可以显示在 VB 应用程序的窗体上、图片框内和图像控件内。图片可以是位图文件（.bmp、.dib、.cur）、图标（.ico）、图元文件（.wmf）、增强型图元文件（.emf）、JPEG（.jpg）或 GIF 文件（.gif）。用户可以在程序运行阶段或设计时，采用不同的途径将图片添加到窗体、图片框或图像控件中。

（1）图片框控件（PictureBox）。

图片框控件可用于显示图形、作为其他控件的容器、显示图形方法的输出或显示 Print 方法输出的文本。显示的图片由 Picture 属性决定，Picture 属性包括被显示图片的文件名及路径。若需在运行阶段显示或替换图片，可利用函数 LoadPicture 来设置 Picture 属性，即提供图片文件名和路径，然后由 LoadPicture 函数来处理加载和显示图片的细节。

PictureBox 控件有两个常用属性：AutoSize 属性和 Align 属性。

● AutoSize 属性

当该属性设置为 True 时，PictureBox 能自动调整大小与显示的图片匹配。若使用 AutoSize 属性设置为 True 的 PictureBox，那么图片将不考虑窗体上的其他控件而调整大小，可能产生意想不到的结果。

● Align 属性

用于调整图片框在窗体上的对齐方式。默认值为 0，表示可以将图片框放置在窗体的任何位置；若为 1，则图片框与窗体一样宽，并紧贴在窗体顶部；若为 2，则图片框与窗体一样宽，并紧贴在窗体的底部；若为 3，则图片框与窗体一样高，并紧贴在窗体的左端；若为 4，则图片框与窗体一样高，并紧贴在窗体的右端。

（2）图像控件（Image）。

Image 控件与 PictureBox 控件相似，但是它只能用于显示图片，不支持 PictureBox 的高级方法，也不能作为容器使用。

Image 控件有一个非常重要的属性：Stretch 属性。若此属性设置为 True，则自动调整图形的大小来适应 Image 控件；默认时为 False，图形按原始大小显示，系统会自动调整 Image 控件的大小来适应图形的大小。

三、实验示例

【例 11-1】用 Circle 方法在窗体上绘制由圆环构成的艺术图案。

（1）题意分析。

构造图案的算法是：将一个半径为 r 的圆周等分为 n 份，以这 n 个等分点为圆心，以 r1 为半径绘制 n 个圆。

（2）程序代码。

```
Private Sub Form_Click()
    Dim r, x, y, x0, y0, st As Single
    Cls
    r = Form1.ScaleHeight/4
    x0 = Form1.ScaleWidth/2
    y0 = Form1.ScaleHeight/2
    st = 3.1415926/ 20
    For i = 0 To 6.283185 Step st
     x = r * Cos(i) + x0
     y = r * Sin(i) + y0
     Circle (x, y), r * 0.9
    Next i
End Sub
```

（3）运行结果如图 11-1 所示。

四、上机实验

1. 在窗体上画一系列的宽度递增的直线。

2. 利用 CurrentX、CurrentY 属性在窗体上显示 "VB 程序设计" 的立体字效果。

3. 使用 PaintPicture 方法实现图片显示的 "百叶窗" 效果。

4. 使用 Move 方法实现动画将窗体上的信件用拖放的方法丢入到燃烧筒内，当窗体上的信件都被拖放燃烧筒后，燃烧筒将自动点火开始燃烧，同时产生烟雾升向空中，当烟雾在窗体内消失后，燃烧结束。窗体上放置 5 个图像框和一个时钟控件，图像框分别装入相应的图标文件（图 11-2(a)、图 11-2(b) 分别是燃烧前与燃烧过程中的画面）。

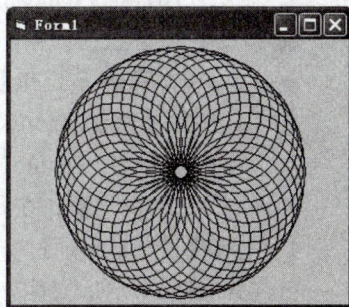

图 11-1　运行结果

> **提示**　燃烧筒、带火焰的燃烧筒、烟雾和信件图标在 "vb\graphics\icons\computer"、"vb\graphics\icons\elements"、"vb\graphics\icons\mail" 目录下，其文件名分别是 trash02a.ico、trash02b.ico、cloud.ico、mail05a.ico。

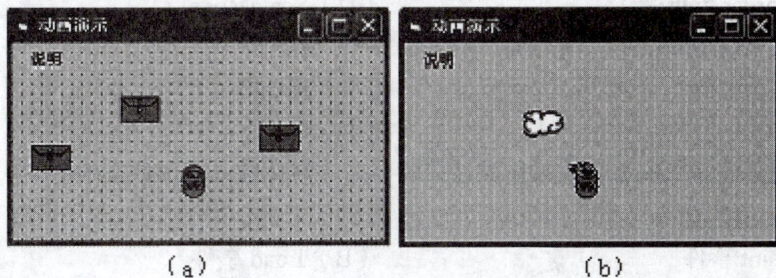

图 11-2　上机实验 4 运行结果

11.2　习　　题

一、选择题

1. 以下属性和方法中_____可以重新定义坐标系。

　　（A）DrawStyle　　　　　　　　　　（B）DrawWidth

　　（C）DrawMode　　　　　　　　　　（D）Scale

2. 可以让图像框自动改变大以适应图形尺寸的属性是_____。

　　（A）Autosize　　　　　　　　　　　（B）Stretch

　　（C）AutoRedraw　　　　　　　　　 （D）Appearance

3. 假定在图片框 Picture1 中装入了 1 个图片，为了清除该图形（不是删除图片框），应采用的正确方法是_____。

　　（A）选择图片框，单后按 Del 键

　　（B）执行语句 Picture1.Picture=LoadPicture("")

　　（C）执行语句 Picture1.Picture= ""

　　（D）选择图片框，在属性窗口中选择 Picture 属性条，然后按回车键

4. 坐标度量单位可通过_____来改变。

　　（A）DrawStyle 属性　　　　　　　　（B）DrawWidth 属性

　　（C）Scale 方法　　　　　　　　　　（D）ScaleMode 属性

5. 下列_____途径在程序运行时不能将图片添加到窗体、图片框或图像框的 Picture 属性。

　　（A）使用 LoadPicture 方法　　　　　（B）对象间图片的复制

　　（C）通过剪贴板复制图片　　　　　　（D）使用拖放操作

6. 当使用 Line 方法画直线后，当前坐标在_____。

　　（A）（0，0）　　　　　　　　　　　（B）直线起点

　　（C）直线终点　　　　　　　　　　　（D）容器的中心

7. 对象的边框类型是由_____属性设置。

　　（A）DrawStyle　　　　　　　　　　（B）DrawWidth

　　（C）BorderStyle　　　　　　　　　 （D）ScaleMode

8. 指令 "Circle(1000，1000)，500，8，−6，−3" 将绘制_____。

　　（A）圆　　　　　　　　　　　　　　（B）画椭圆

　　（C）圆弧　　　　　　　　　　　　　（D）扇形

9. 当窗体的 AutoRedraw 属性采用默认值时，若在窗体装入时要使用绘图方法绘制图形，则应将程序放在_____。

　　（A）Paint 事件　　　　　　　　　　（B）Load 事件

　　（C）Initialize 事件　　　　　　　　 （D）Click 事件

10. 当使用 Line 方法时，参数 B 与 F 可组合使用，下列组合中_____不允许。

　　（A）BF　　　　　　　　　　　　　　（B）F

　　（C）B　　　　　　　　　　　　　　（D）不使用 B 与 F

11. 命令按钮、单选按钮、复选框上都有 Picture 属性，可以在控件上显示图片，但需要通

过_____来控制。

  （A）Appearance 属性   （B）Style 属性

  （C）DisablePicture 属性   （D）DownPicture 属性

12. Cls 可清除窗体或图片框中_____的内容。

  （A）Picture 属性设置的背景图案 （B）在设计时放置的控件

  （C）程序运行时产生的图形和文字 （D）以上全部

二、程序设计题

1. 设计程序实现窗体标题文字的滚动和图标的变化。

2. 在窗体上放置一个图片框，设置 AutoSize 属性为 True，Visible 属性为 False，并在图片框上插入一幅图片，用 PaintPicture 方法实现窗体背景图的平铺效果。

3. 用 Pset 方法在窗体上画颜色随机变化的点。

4. 建立窗体坐标系，在坐标系上用 Line 方法绘制 $-2\pi \sim 2\pi$ 之间的正弦曲线。

5. 编写程序，要求程序运行时，按下鼠标右键画圆，按下鼠标左键画直线。

第12章
数据库应用

12.1 实　　验

一、实验目的

1. 掌握 Visual Basic 中数据库的使用方法及可视化数据管理器的使用方法。
2. 掌握 Data 控件的基本用法。
3. 了解 ADO 控件的基本用法。
4. 了解 Visual Basic 中使用结构化查询语言 SQL 的方法。

二、知识介绍

1. 数据库的基本概念。

（1）数据管理。

编程的主要目的是为了帮助人们处理现实世界中的事物，解决具体的问题。在计算机中，为了存储和处理这些事物，需要从这些事物中抽取人们感兴趣的特征来描述它们，这就是数据。因此，程序设计的最主要任务就是数据管理。数据处理的核心问题就是数据管理，即如何对数据进行分类、组织、编码、存储、检索和维护。

虽然使用这些文件可以实现对数据的长期保存和管理，但是这种办法的数据共享性差、数据独立性低。为此，在 20 世纪 60 年代就产生了数据库技术。

（2）数据库。

所谓数据库（DataBase，DB），就是长期存放在计算机内，以一定组织方式动态存储的、相互关联的、可共享的数据集合。其最大的特点就是通过关联减少了不必要的数据冗余。同时，不同用户可以使用同一数据库中自己所需要的子集，从而实现了数据共享。此外，程序员使用数据库管理数据时，是通过数据库管理系统（DBMS）完成的，不像使用文件管理数据那样需要自己维护文件，从而减少了程序员管理数据的负担，大大提高了编程的效率。

（3）关系数据库。

关系数据库是目前最流行的商业数据库系统，它使用关系来描述世界。可以将关系理解为一张二维表，如图 12-1 所示。其中每一行称之为一条记录，每一列称之为一个字段，每一条记录由若干字段值所组成。为了区别不同的记录，需要有一个或一组字段作为表的主关键字，主关键字对每一行都是唯一的，即每一条记录的主关键字段值互不相同。一个数据库是由一张或多张表所组成，如一个学校教务管理系统的数据库就可以由学生基本信息表、学生考试成绩表、学生选课表等组成。

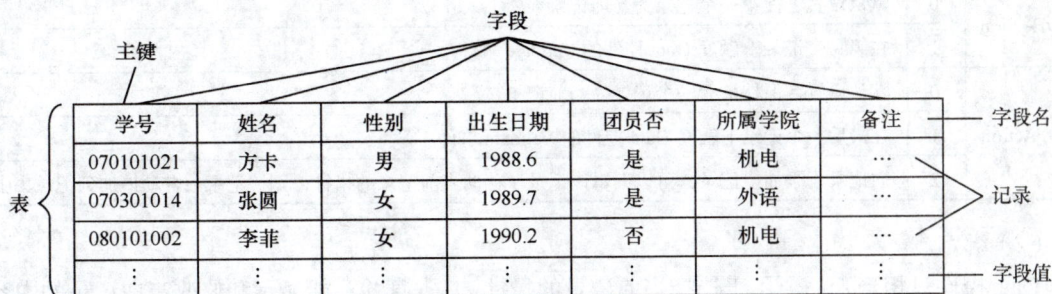

图 12-1　关系的结构

2. Visual Basic 数据管理器。

Visual Basic 既可以使用其他应用程序（如 Oracle、Access、Excel、dBase、FoxPro 等）建立数据库，也可以通过可视化数据管理器 VisData 直接建立和维护多种类型的数据库。在 Visual Basic 环境下，执行"外接程序"|"可视化数据管理器"命令，即可打开如图 12-2 所示的"可视化数据管理器"窗口，具体的使用方法在实验示例中有详细的介绍。

3. Data 控件。

Visual Basic 提供的 Data 控件可以非常方便的对 Visual Basic 所支持的各种类型的数据库执行大部分数据访问操作，Data 控件在工具箱中的图标为 。

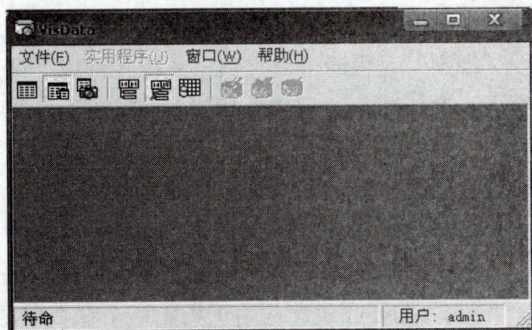

图 12-2　"可视化数据管理器"窗口

（1）连接数据库。

通过设置 Data 控件的相关属性来决定如何对数据库进行访问操作。具体的操作如下。

① Connect 属性：用于指定所连接数据库的类型，默认为 Microsoft Access 的 MDB 文件。

② DatabaseName 属性：用于返回或设置所连接数据库的名称及位置。

③ RecordsetType 属性：返回或设置记录集的类型。其中，0 为表（Table）类型，1 为动态集（Dynaset）类型，2 为快照（Snapshot）类型。

> **注意**　使用什么记录集取决于需要完成的任务。表类型的记录集已建立了索引，适合快速定位与排序，但是内存的开销大；动态集类型的记录集则适合更新数据，但是速度不及表类型；快照类型的记录集内存开销最小，适合显示只读数据。

④ RecordSource 属性：用于指定可以访问的记录的来源，可以是数据库中的一个存在的表、一个存在的查询（QueryDef）的名称或一条返回记录的 SQL 语句。

⑤ ReadOnly 属性：返回或设置一个逻辑值，用于指定记录集中的数据是否只读。

⑥ BOFAction 属性与 EOFAction 属性：用于指示在记录集的 BOF 或 EOF 属性为 True 时 Data 控件进行什么操作，具体设置如表 12-1 所示。

表 12-1　　　　　　　　　　BOFAction 属性与 EOFAction 属性的设置

属　　性	值	含　　义
BOFAction	0	默认设置，使第一个记录为当前记录
	1	在第一个记录上触发 Data 控件的 Validate 事件
EOFAction	0	默认设置，保持最后一个记录为当前记录
	1	在最后一个记录上触发 Data 控件的 Validate 事件
	2	向记录集添加空记录，可以编辑该记录，移动当前记录的指针，则该记录被自动追加到记录集中

（2）绑定。

Data 控件只相当于一个用于选择当前记录的指针，其本身并不能显示和修改当前记录的内容，只有通过将数据约束控件与 Data 控件"绑定"（Bounding）后，才能在数据约束控件中自动显示当前记录的相关字段值。如果修改了数据约束控件中的数据，并且 Data 控件的 RecordsetType 的 ReadOnly 属性设置为合适的值，只需移动记录指针，就会将修改后的数据自动写入数据库。可以用作数据约束控件的标准控件有以下 8 种：文本框、标签、图片框、图像框、检查框、列表框、组合框、OLE 控件。

"绑定"过程通过设置数据约束控件以下两个属性。

① DataSource 属性：用于指定一个合法的数据源，一般为 Data 控件名。

> **注意**　不能在运行时将数据约束控件的 DataSource 属性设置为 Data 控件名。

② DataField 属性：用于指定一个在数据源所创建的 Recordset 对象中合法的字段名称。

（3）记录集对象。

如上所述，由 DatabaseName 属性确定可以访问的数据库，由 RecordSource 属性确定数据库中具体可以访问的记录，这些记录构成一个记录集对象 Recordset，其类型由 RecordsetType 属性确定。Visual Basic 对数据库中记录的访问是通过 Recordset 对象实现的。

使用 Recoordset 对象的属性与方法的一般格式为：

```
Data 控件名. Recordset. 属性 | 方法
```

下面列出了 Recordset 对象的一些常用属性和方法。

① 常用属性。

- BOF 属性和 EOF 属性

BOF 属性为 True 时表示记录指针当前位置位于首记录之前；EOF 属性为 False 时表示记录指针当前位置位于末记录之后。

- NoMatch 属性

在记录集中进行查找时，如果找到相匹配的记录，则该属性值为 False，否则为 True。

- RecordCount 属性

RecordCount 属性表示记录集中现存记录的个数。

② 常用方法。

- MoveFirst、MoveLast、MoveNext、MovePrevious 方法

通过 MoveFirst、MoveLast、MoveNext、MovePrevious 方法可以移动到指定 Recordset 对象

中的第一个、最后一个、下一个、上一个记录并使该记录成为当前记录。

* FindFirst、FindLast、FindNext、FindPrevious 方法

通过 FindFirst、FindLast、FindNext、FindPrevious 方法可以搜索动态或快照类型 Recordset 中满足指定条件的第一个、最后一个、下一个、上一个记录。如果找到符合条件的记录，则该记录成为当前记录，否则当前位置将设置在记录集的末尾。

具体格式如：Data1. Recordset. FindFirst " 姓名 =' 李菲 '"。

* Seek 方法

通过 Seek 方法可以在表类型的记录集中从头开始搜索索引字段（如学生姓名）满足指定条件的第一条记录，并使该记录成为当前记录。

具体格式如：Data1. Recordset. Seek "=","李菲 "

其中 "=" 为比较类型，可以为 "="、">="、">"、"<="、"<"。

* AddNew 方法

向表或动态集类型的记录集中添加记录。

* Delete 方法

删除表或动态及类型的记录集中的当前记录。

* Edit 方法

编辑表或动态及类型的记录集中的当前记录。

* Update 方法

使用 AddNew 方法添加的记录，以及使用 Edit 方法修改的记录被存储在缓冲区中，必须使用 Update 方法将缓冲区中的内容保存到记录集中。

* Refresh 方法

在多用户环境中，由于其他用户可以对数据进行修改，因此常使用 Refresh 重新显示数据，以保证用户看到的是最新数据。

* Close 方法

用于关闭指定的数据库、记录集并释放分配的资源。

4. ADO 控件。

为使流行的各种编程语言都可以编写符合 OLE DB 标准的应用程序，微软公司在 OLE DB API 之上，提供了一种面向对象与语言无关的应用程序接口——ADO(ActiveX Data Objects)控件。在 Visual Basic 环境下执行"工程"|"部件"命令，打开"部件"对话框后选择 Microsoft ADO Data Control 6.0(OLEDB) 控件，将其添加到工具箱中。ADO 控件在工具箱中的图标为 ᵝ 。

ADO 控件与 Data 控件的用法相似，同样需要经过连接数据库和绑定两步操作。ADO 控件与 Data 控件的属性大多相同，但是通过 ConnectionString 属性建立与数据源的链接信息，其具体的设置方法将在示例中介绍。

可与 ADO 控件绑定的控件主要有 DataList、DataCombo、DtatGrid 等，它们都属于 ActiveX 控件，应通过在"部件"对话框中选择 Microsoft DataList Control 6.0(OLEDB) 和 Microsoft DataGrid Control 6.0(OLEDB) 控件，将其添加到工具箱中使用。

5. 结构化查询语言。

结构化查询语言（Structured Query Language，SQL）是关系数据库的标准语言，可以使用 SQL 语言对数据库进行查询、删除、修改等操作，还可以通过 SQL 语言将两个或多个表连接成一个新的表，在此仅介绍最基本的查询语句 SELECT，其他的 SQL 语句的用法，请参阅有关书籍。

SELECT 语句的基本格式为：

SELECT <字段列表> FROM <表名> WHERE <查询条件> GROUP BY <分组字段> HAVING <分组条件> ORDER BY <排序字段> [ASC|DESC]

三、实验示例

【例 12-1】设计一个基本信息管理系统的用户管理模块，要求能够实现用户登录、用户添加、用户删除和用户信息修改的基本功能。

1. 分析。

使用可视化数据管理器 VisData 创建基本信息管理系统的数据库文件 SysDB.mdb，其中用户信息保存在 User_Infor 表中，表结构如表 12-2 所示。

表 12-2   User_Infor 系统用户表

字 段 名	类 型	大 小	允许零长度	说 明
User_ID	Text	10（可变长度）	否	用户名（主关键字）
User_PWD	Text	10（可变长度）	否	用户密码
User_Type	Text	10（可变长度）	否	用户类型

整个系统只有一个系统管理员，其用户类型为 Admin，其他用户的类型为 User。所有用户均可修改自己的用户密码，但是只有系统管理员才可以添加用户、删除用户和修改用户信息。

2. 操作步骤。

（1）新建一个标准工程。

① 删除原窗体，重新添加一个 MDI 窗体，将窗体命名为 vfrMain。

② 如图 12-3 所示，在 frmMain 窗体上建立一个菜单项"系统用户管理"，它包含"添加用户"、"删除用户"、"修改用户信息"共 3 个子菜单项，分别命名为 mnuAddUser、mnuRmvUser、mnuEditUser。

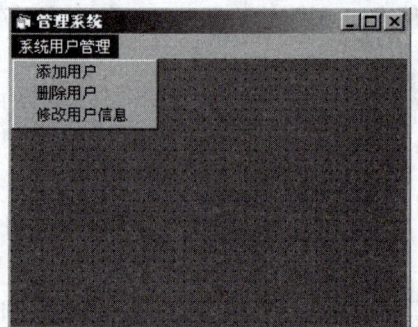

图 12-3 信息管理系统主窗体

（2）建立数据库文件 Sys.mdb。

① 执行"外接程序"|"可视化数据管理器"菜单命令，打开 VisData 窗口，执行"文件"|"新建 |Microsoft Access|Version 7.0 MDB"菜单命令，建立一个新的 Access 数据库 SysDB.mdb，保存在 D 盘的"Sys"文件夹中。

② 在如图 12-4 所示的窗口中右键单击数据库窗口的 Properties 项，执行快捷菜单中的"新建表"命令。

③ 在如图 12-5 所示的"表结构"对话框的"表名称"框中输入表名 User_Infor。

④ 在"表结构"对话框中单击"添加按钮"，在如图 12-6 所示的"添加字段"对话框中依次建立各个字段 User_ID、User_PWD、User_Type。

⑤ 在"表结构"对话框中单击"添加索引"按钮，在如图 12-7 所示的"添加索引"对话框的"可用字段"列表框中选择 User_ID 字段作为索引的字段，并输入索引名称 idxUser。

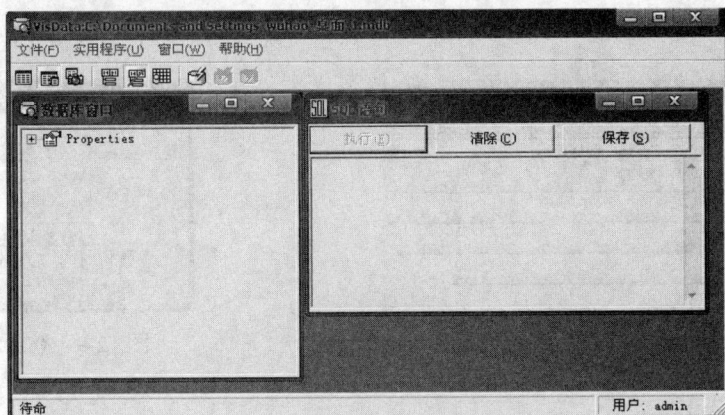

图 12-4　信息管理系统主窗体

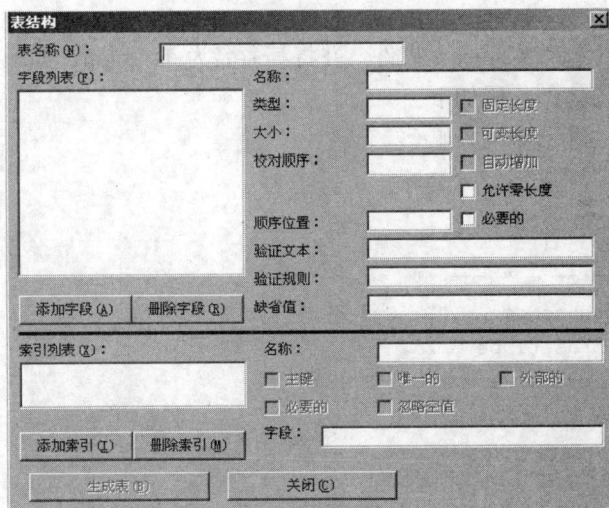

图 12-5　"表结构"对话框

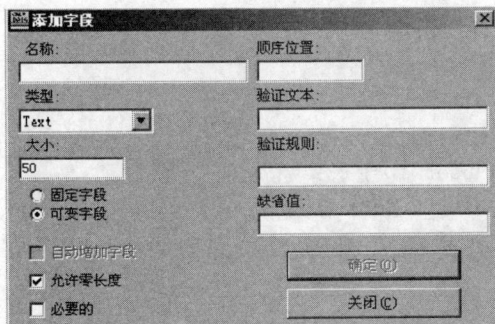

图 12-6 "添加字段"对话框

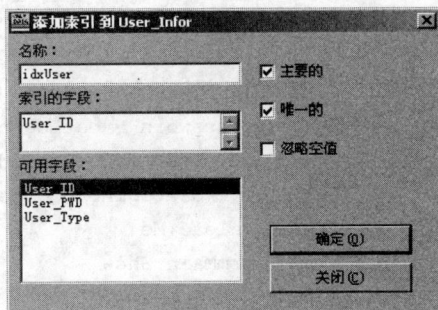

图 12-7 "添加索引"对话框

⑥ 在"表结构"对话框中单击"生成表"按钮。

⑦ 单击 VisData 窗口中的"表类型记录集"按钮▦，再双击数据库窗口中 User_Infor 项，在如图 12-8 所示 User_Infor 的表类型记录集窗口中单击"添加"按钮，输入初始记录。

⑧ 关闭 VisData 窗口，完成建库的工作。

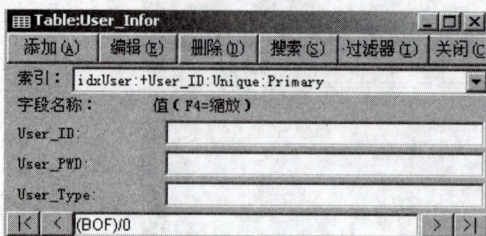

图 12-8   User_Infor 的表类型记录集窗口

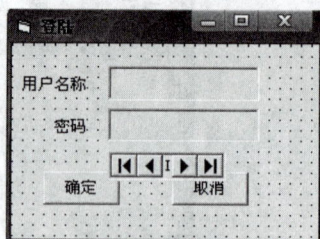

图 12-9   登录对话框

3. 程序代码设计。

（1）用户登录功能。

① 执行"工程 | 添加窗体"命令，在"示例 1.vbp"工程中添加登录对话框窗体 frmLogin，并将其设置为启动对象。

② 在登录对话框窗体上添加 Data 控件，并将其命名为 datLogin，如图 12-9 所示。

③ 编写 frmLogin 窗体的代码如下：

```vb
' 定义全局变量记录登录用户名称和类别
Public ID As String, T As String
' 初始化 datLogin 控件
Private Sub Form_Load()
    datLogin.Connect = "Access"
    datLogin.DatabaseName = "D:\Sys" + "\SysDB.mdb"
    datLogin.RecordsetType = 2
    datLogin.RecordSource = "User_Infor"
    datLogin.Visible = False
End Sub
' "确定"按钮的单击事件过程
Private Sub cmdOK_Click()
    ' 检查用户合法性
    datLogin.Recordset.FindFirst "User_ID='" & txtUserName & "'"
    If datLogin.Recordset.NoMatch Then
        MsgBox "非法用户，请退出！", vbCritical, "登录"
    Else
    ' 检查密码的正确性
        If txtPassword = datLogin.Recordset.Fields("User_PWD") Then
            ID = datLogin.Recordset.Fields("User_ID")
            T = datLogin.Recordset.Fields("User_Type")
            Unload Me
            frmMain.Show
        Else
            MsgBox "无效的密码，请重试！", vbExclamation, "登录"
            txtPassword.SetFocus
        End If
    End If
End Sub
' "取消"按钮的单击事件过程
```

```
Private Sub cmdCancel_Click()
    End
End Sub
```

（2）MDI 主窗体功能。

```
'初始化主窗体
Private Sub MDIForm_Load()
'只有系统管理员才有权限添加和删除用户
    If frmLogin.T <> "admin" Then
        mnuAddUser.Enabled = False
        mnuRmvUser.Enabled = False
    End If
End Sub
'主窗体"添加用户"菜单单击事件过程
Private Sub mnuAddUser_Click()
    frmAddUser.Show
End Sub
'主窗体"修改用户信息"菜单单击事件过程
Private Sub mnuEditUser_Click()
    frmEditUser.Show
End Sub
'主窗体"删除用户"菜单单击事件过程
Private Sub mnuRmvUser_Click()
    frmRmvUser.Show
End Sub
```

（3）添加用户功能。

① 添加窗体 frmAddUser，将其 MDIChild 属性设置为 True。

② 如图 12-10 所示，设计 frmAddUser 窗体界面，3 个文本框由上而下分别命名为 txtUser_ID、txtUserPWD!、txtUser_PWD2，"确定"按钮和"取消"按钮分别命名为 cmdOK、cmdCancel，Data 控件命名为 datUser。

③ 编写"添加用户"窗体代码如下。

```
'初始化窗体 frmAddUser
Private Sub Form_Load()
    txtUser_ID.Text = ""
    txtUser_PWD1.Text = ""
    txtUser_PWD1.PasswordChar = "*"
    txtUser_PWD2.Text = ""
    txtUser_PWD2.PasswordChar = "*"
    cmdOK.Default = True
    cmdCancel.Cancel = True
    '连接数据库 Library.mdb
    datUser.Connect = "Access"
    datUser.DatabaseName = "D:\Sys" + "\SysDB.mdb"
    datUser.RecordsetType = 1 '动态集类型记录集
    datUser.RecordSource = "User_Infor"
    datUser.Visible = False
    Me.WindowState = vbMaximized '最大化窗体
End Sub
```

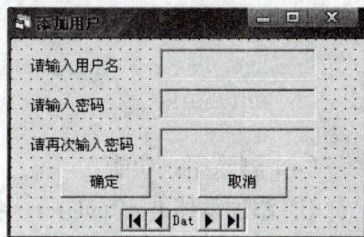

图 12-10　frmAddUser 登录界面

```
'"确定"按钮的单击事件过程
Private Sub cmdOK_Click()
    If Trim(txtUser_ID) = "" Then
        MsgBox "用户名不能为空！", vbCritical
    Else
        '判断是否存在同名用户
        datUser.Recordset.FindFirst "User_ID='" & txtUser_ID & "'"
        If datUser.Recordset.NoMatch = False Then
            MsgBox "该用户已经存在！", vbCritical
        Else
            If txtUser_PWD1 <> txtUser_PWD2 Then
                MsgBox "前后两次输入的密码不一致，请重新输入！", vbExclamation
            Else
                i = MsgBox("确实需要添加此用户吗！", vbExclamation + vbYesNo)
                '向库中添加记录
                If i = vbYes Then
                    datUser.Recordset.AddNew
                    datUser.Recordset.Fields("User_ID") = txtUser_ID
                    datUser.Recordset.Fields("User_PWD") = txtUser_PWD1
                    datUser.Recordset.Fields("User_Type") = "User"
                    datUser.Recordset.Update
                    MsgBox "用户已成功添加到库中！", vbExclamation
                End If
                txtUser_ID = ""
                txtUser_PWD1 = ""
                txtUser_PWD2 = ""
            End If
        End If
    End If
End Sub
'"取消"按钮的单击事件过程
Private Sub cmdCancel_Click()
    Unload Me
End Sub
```

（4）删除用户功能。

① 添加窗体 frmRevUser，将其 MDIChild 属性设置为 True。

② 如图 12-11（a）所示，设计 frmRevUser 窗体界面，文本框命名为 txtUser_ID，"确定"按钮和"取消"按钮分别命名为 cmdOK、cmdCancel，Data 控件命名为 datUser。

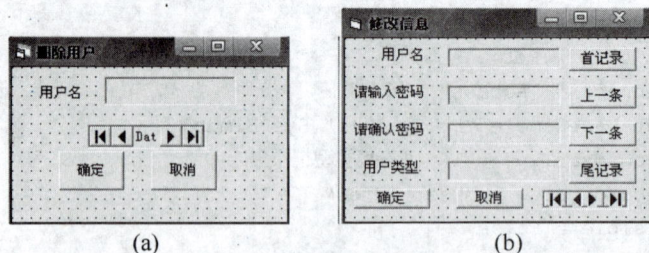

(a)　　　　　　　　(b)

图 12-11　frmRevUser 窗体界面及 frmEditUser 窗体界面

③ 编写"删除用户"窗体代码如下。

```
' 初始化 frmRmvUser 窗体
Private Sub Form_Load()
    txtUser_ID = ""
    cmdOK.Default = True
    cmdCancel.Cancel = True
    datUser.Connect = "Access"
    datUser.DatabaseName = "D:\Sys" + "\SysDB.mdb"
    datUser.RecordsetType = 1
    datUser.RecordSource = "User_Infor"
    datUser.Visible = False
    Me.WindowState = vbMaximized
End Sub
' "确定" 按钮的单击事件过程
Private Sub cmdOK_Click()
    ' 判断库中是否存在文本框中输入的用户名
    datUser.Recordset.FindFirst "User_ID='" & txtUser_ID & "'"
    If datUser.Recordset.NoMatch Then
        MsgBox "无此用户！", vbCritical
    Else
        i = MsgBox("确实需要删除此用户吗？", vbExclamation + vbYesNo)
        If i = vbYes Then
            datUser.Recordset.Delete
            MsgBox "已经成功的删除此用户！", vbExclamation
        End If
    End If
End Sub
' "取消" 按钮的单击事件过程
Private Sub cmdCancel_Click()
    Unload Me
End Sub
```

（5）修改用户信息功能。

① 添加窗体 frmEditUser，将其 MDIChild 属性设置为 True。

② 如图 12-11（b）所示，设计 frmEditUser 窗体界面，4 个文本框由上而下分别命名为 txtUser_ID、txtUser_PWD1、txtUser_PWD2、txtUser_Type，"首记录"、"上一条"、"下一条"、"尾记录" 按钮分别命名为 cmdFirst、cmdPrevious、cmdNext、cmdLast，"确定" 按钮和 "取消" 按钮分别命名为 cmdOK、cmdCancel，Data 控件命名为 datUser。

③ 在属性窗口分别设置 txtUser_ID、txtUser_Type 文本框的 DataSource 属性为 datUser，实现绑定操作。

④ 编写 "修改用户信息" 窗体代码如下。

```
' 初始化窗体 frmEditUser
Private Sub Form_Load()
    ' 非系统管理员只能修改自己的密码，无法浏览其他用户的信息
    If frmLogin.T <> "Admin" Then
        txtUser_ID = frmLogin.ID
        txtUser_ID.Enabled = False
```

```vb
            txtUser_Type = frmLogin.T
            cmdFirst.Visible = False
            cmdPrevious.Visible = False
            cmdNext.Visible = False
            cmdLast.Visible = False
        Else
        ' 系统管理员登录时，用户名文本框绑定 User_ID 字段，
' 用户类别文本框绑定 User_Type 字段
            txtUser_ID.DataField = "User_ID"
            txtUser_Type.DataField = "User_Type"
        End If
        txtUser_PWD1.Text = ""
        txtUser_PWD1.PasswordChar = "*"
        txtUser_PWD2.Text = ""
        txtUser_PWD2.PasswordChar = "*"
        txtUser_Type.Enabled = False
        cmdOK.Default = True
        cmdCancel.Cancel = True
        datUser.Connect = "Access"
        datUser.DatabaseName = "D:\Sys" + "\SysDB.mdb"
        datUser.RecordsetType = 1
        datUser.RecordSource = "User_Infor"
        datUser.BOFAction = 0
        datUser.EOFAction = 0
        datUser.Visible = False
        Me.WindowState = vbMaximized
End Sub
'" 确定 " 按钮的单击事件过程
Private Sub cmdOK_Click()
    If txtUser_PWD1 <> txtUser_PWD2 Then
        MsgBox "前后两次输入的密码不一致，请重新输入！ ", vbExclamation
    Else
        ' 非系统管理员登录时，需要确定所修改记录在库中的位置
        If frmLogin.T <> "Admin" Then
            datUser.Recordset.FindFirst "User_ID='" & txtUser_ID & "'"
        End If
        ' 系统管理员登录时，已经绑定相应字段。无需确定所修改记录在库中的位置
        datUser.Recordset.Edit
        ' 修改密码
        datUser.Recordset.Fields("User_PWD") = txtUser_PWD1
        datUser.Recordset.Update
        MsgBox "用户信息修改完毕！ ", vbExclamation
    End If
End Sub
'" 取消 " 按钮的单击事件过程
Private Sub cmdCancel_Click()
    Unload Me
End Sub
'" 首记录 " 按钮的单击事件过程
```

```
Private Sub cmdFirst_Click()
    datUser.Recordset.MoveFirst
End Sub
```
'"上一条"按钮的单击事件过程
```
Private Sub cmdPrevious_Click()
    On Error Resume Next
    datUser.Recordset.MovePrevious
End Sub
```
'"下一条"按钮的单击事件过程
```
Private Sub cmdNext_Click()
    On Error Resume Next
    datUser.Recordset.MoveNext
End Sub
```
'"尾记录"按钮的单击事件过程
```
Private Sub cmdLast_Click()
    datUser.Recordset.MoveLast
End Sub
```

四、上机实验

1. 使用可视化的数据库管理器建立一个 Access 数据库 myDB.mdb，它包含表 12-3 和表 12-4 两张表。

表 12-3   表 student 的结构

字　段　名	类　　型	字　段　名	类　　型
学号	文本 10 位	名字	文本 10 位
性别	逻辑	出生年月	日期型
专业	文本 10 位	家庭住址	文本 10 位
照片	二进制	备注	备注型

表 12-4   表 class 的结构

字　段　名	类　　型	字　段　名	类　　型
学号	文本 10 位	课程表	文本 10 位
成绩	单精度	学期	整型

当数据库建立后，使用数据库管理器在各个表中输入若干记录。

2. 设计两个窗体,通过文本框、标签、图像框等绑定控件分别显示 student 或 class 表内的记录,显示界面自定。对数据控件属性进行设置,使之可以对记录集直接进行增加、修改操作。在每个窗体加入适当的命令按钮或窗体菜单,使用 Show 方法打开另外一个窗体。

3. 设计一个窗体,通过菜单对 student 表提供新增、删除、修改、浏览功能,要求如下。

(1) 程序运行时,窗体内显示数据表 student 的第一条记录,窗体布局如图 12-12 所示。

(2) 当单击"新增"菜单时,出现空白的输入框,并有一个"确认"按钮和一个"放弃"按钮,窗体布局如图 12-13 所示。当一条记录输入完毕,单击"确认"按钮,当前输入自动存入大数据表内,单击"放弃"按钮,当前输入无效。

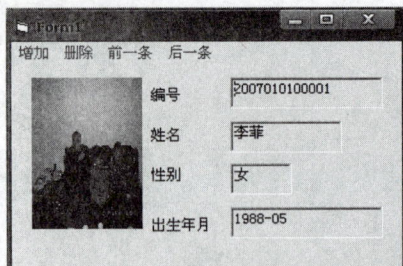

图 12-12　窗体布局 1

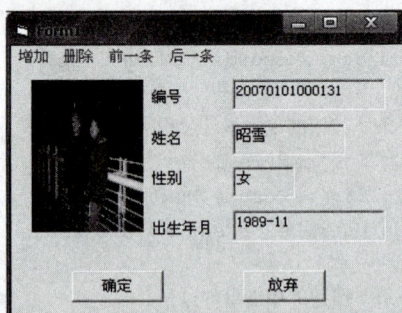

图 12-13　窗体布局 2

（3）在输入框中能输入文本和照片。

（4）鼠标单击"删除"菜单项时可删除数据表内当前记录。

（5）鼠标单击"上一条"或"下一条"菜单项时可改变当前记录。

12.2　习　　题

一、选择题

1. 以下说法错误的是＿＿＿＿＿。

（A）一个表可以构成一个数据库

（B）多个表可以构成一个数据库

（C）同一条记录中的各数据项具有相同的类型

（D）同一个字段的数据具有相同的类型

2. Microsoft Access 数据库文件的扩展名是＿＿＿＿＿。

（A）.dbf　　　　　　　　　　　　　（B）.exi

（C）.mdb　　　　　　　　　　　　　（D）.db

3. 以下关于索引的说法错误的是＿＿＿＿＿。

（A）一个表可以建立一个或多个索引　　（B）每个表至少要建立一个索引

（C）索引字段可以是多个字段的组合　　（D）利用索引可以加快查找速度

4. 当使用 Seek 方法或 Find 方法进行查找时，可以根据记录集的＿＿＿＿＿属性判断是否找到了匹配的记录。

（A）Match　　　　　　　　　　　（B）NoMatch

（C）Found　　　　　　　　　　　（D）NoFound

5. 当 BOF 属性为 True 是，表示＿＿＿＿＿。

（A）当前记录位置位于 Recordset 对象的第一条记录

（B）当前记录位置位于 Recordset 对象的第一条记录之前

（C）当前记录位置位于 Recordset 对象的最后一条记录

（D）当前记录位置位于 Recordset 对象的最后一条记录之后

6. 在新增记录调用 Update 方法写入记录后，记录指针位于＿＿＿＿＿。

（A）记录集的最后一条　　　　　　　（B）记录集的第一条

（C）新增记录上　　　　　　　　（D）增加新记录前的记录上

7. 以下说法正确的是_____。

（A）使用 Data 控件可以直接显示数据库中的数据

（B）使用数据感知控件可以直接访问数据库中的数据

（C）使用 Data 控件可以对数据库中的数据进行操作，但不能显示数据库中的数据

（D）Data 控件只有通过数据感知控件才可以访问数据库中的数据

8. 设置或返回数据库中标或查询项的名称英设置_____属性。

（A）Connection　　　　　　　（B）DatabaseName

（C）RecordSource　　　　　　（D）RecordsetType

9. 用 Find 方法查找记录，如果找不到匹配的记录，则记录定位于_____。

（A）首记录　　　　　　　　　（B）最后一条记录

（C）查找开始处　　　　　　　（D）随机位置

10. Seeking 可以在_____类型记录集中进行查找。

（A）表　　　　　　　　　　　（B）动态集

（C）快照　　　　　　　　　　（D）以上均可

二、填空题

1. 按数据的组织方式不同，数据库可以分为 3 种类型，即_____、_____、_____。

2. VB 数据库应用系统有_____、_____、_____。

3. VB 可以访问 3 类数据库为_____、_____、_____。

4. VB 支持 3 种类型的记录集对象 Recordset，即_____、_____、_____。

5. 要设置 Data 控件连接的数据库的名称，需要设置其_____属性。要设置 Data 控件连接的数据库的类型，需要设置其_____属性。

6. 记录集的_____属性用于指示 Recordset 对象中记录的总数。

7. 要在程序中通过代码使用 ADO 对象，必须先为当前工程引用_____。

8. _____数据绑定控件专用于与 Data 控件连接，_____数据绑定专用于与 ADO Data 控件连接。

三、程序设计题

设计一个工资管理系统，该系统应具有以下功能。

（1）存储工资信息，包括：编号、姓名、基本工资、奖金、扣款和实发工资。

（2）可增加、删除、修改、查询、统计（分别计算基本工资、将近、扣款、实发工资的合计并显示）。

要求使用 ADO 数据控件设计。

第13章
Visual Basic 课程设计

13.1 课程设计的目的

本课程设计的目的是使学生在掌握 Visual Basic 的基础知识、基本概念之后提高综合应用所学知识编写实用程序的能力。内容要求涵盖 Visual Basic 程序设计各个方面的基础知识，既具有实用性、针对性、典型性，又不失趣味性。要求将理论教学中涉及的知识点和实际应用贯穿起来，对不同的数据类型、程序控制结构进行比较和总结，结合设计题目进行综合性练习，以达到对所学知识熟练掌握、灵活应用的目的。

通过课程设计，学生在下述各方面的能力应该得到锻炼。

（1）对于给定的设计题目，掌握如何进行分析、理解，以做到思路清晰。

（2）掌握自顶而下的设计方法，将大问题进行模块化分解，领会结构化程序设计的方法，同时深刻认识到面向对象程序设计与面向过程程序设计的根本区别。

（3）熟练掌握 VB 常用控件的使用，灵活运用各种数据类型。

（4）进一步掌握在集成环境下调试程序和修改程序的方法和技巧。

13.2 课程设计的步骤

（1）分析需解决的问题，明确课程设计的目的，了解题目应具备的功能，划分功能模块，并画出系统功能模块图。

（2）根据各程序模块的功能分别画出程序的详细流程图。

（3）分模块编写程序。

（4）程序编写完成后，分模块调试，各模块调试通过之后，再联起来调试，调试通过之后试运行无错误时，编译生成可执行文件。

（5）写出完整的课程设计报告，答辩。

（6）上交应用程序和课程设计报告。

13.3　课程设计报告格式

XXX 系统的设计（题目自拟）

一、功能描述

对系统要实现的功能进行确切的描述。

二、概要设计

根据功能分析，建立系统的体系结构，即将整个系统分解成若干子模块，用框图表示各功能模块之间的接口关系。

三、详细设计

详细说明各功能模块的实现过程，所用到的算法、技巧等（附上代码）。

四、效果及存在问题

说明系统的运行效果（附上界面图形）、存在哪些不足以及预期的解决办法。

五、心得

谈谈在课程设计过程中的心得体会。

13.4　课程设计示例

题目：设计一个多文档界面（MDI）的笔记本应用程序。

13.4.1　功能描述

多文档界面（MDI）的笔记本应用程序是一个类似于 Windows 操作系统附件中"记事本"功能的应用程序，并在它现有功能基础上又增加了一些常用功能。当系统界面和代码设计完成运行后，能够实现以下操作：

（1）文档建立、打开、保存、打印、退出；

（2）文字剪切、复制、粘贴、查找替换、块写文件等；

（3）字体、段落等格式设置；

（4）统计、选项等工具设置；

（5）排列窗口、重叠窗口等设置；

（6）帮助功能；

（7）增加了"新建、打开、保存、打印、剪切、复制、粘贴、加粗、斜体、下划线、居左、居中、居右、帮助"等工具栏；

（8）增加了状态栏。

13.4.2 概要设计

根据前面功能的描述，该示例应用程序演示了一个多文档界面（MDI）的笔记本应用程序。功能如图 13-1 所示。

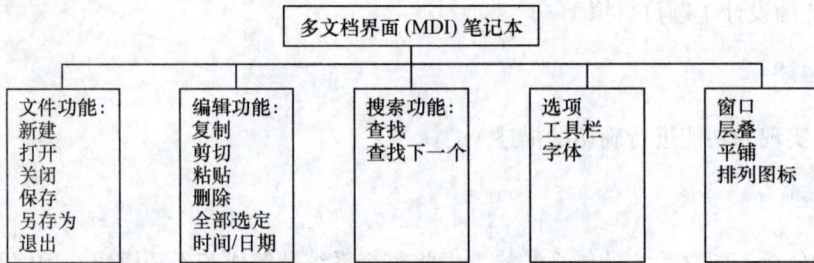

图 13-1　多文档界面笔记本功能图

我们把上述功能细化，示例中包含一个父窗体，一个子窗体，一个模式对话框窗体，以及两个 basic 模块。文件描述如表 13-1 所示。

表 13-1　　　　　　　　　　　　多文档界面笔记本文件

Filopen.bas	该模块中包含公共的文件处理代码
Find.frm	模式对话框窗体
Mdi.frm	MDI 父窗体
Mdi.frx	Mdi.frm 文件的二进制数据文件
Mdinote.bas	该模块中包含共享的代码
MDINote.vbp	MDInote 工程文件
Notepad.frm	MDI 子窗体

13.4.3 详细设计

1. 绘制界面

在 Visual Basic 中为了创建以文档为中心的应用程序，至少需要两个窗体：一个 MDI 窗体和一个子窗体。设计时，应创建一个 MDI 窗体以容纳该应用程序，再创建一个子窗体作为这个应用程序文档的模板。

要创建自己的 MDINotePad 应用程序，步骤如下。

（1）从"文件"菜单中，选取"新建工程"命令。

（2）从"工程"菜单中，选取"添加 MDI 窗体"命令来创建容器窗体。现在，这个工程应当包含一个 MDI 窗体（MDIForm1）和一个标准窗体（Form1）。

（3）在 Form1 上创建一个文本框（Text1）。

（4）按表 13-2 为两个窗体和文本框设置属性。

表 13-2　　　　　　　　　　　　属性设置

对　　象	属　　性	设　置　值
MDIForm1	Caption	MDI NotePad
Form1	Caption	无标题
	MDIChild	True

续表

对　象	属　性	设　置　值
Text1	MultiLine	True
	Text	（空值）
	Top	0
	Left	0

接下来，我们根据要求创建如图 13-2 所示的所有窗体和模块。

2. 编辑菜单

在 MDI 应用程序中，每一个子窗体的菜单都显示在 MDI 窗体上，而不是在子窗体本身。当子窗体有焦点时，该子窗体的菜单（如果有的话）就代替菜单栏上的 MDI 窗体的菜单。如果没有可见的子窗体，或者如果带有焦点的子窗体没有菜单，则显示 MDI 窗体的菜单，如图 13-3 和图 13-4 所示。

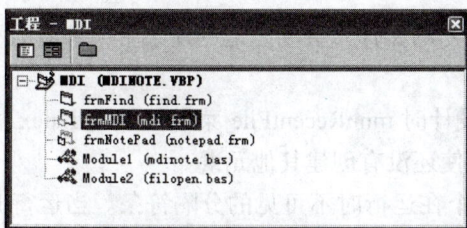

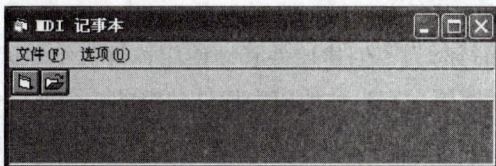

图 13-2　多文档界面（MDI）笔记本文件组成　　图 13-3　当没有子窗体被加载时显示 MDI 窗体

通过给 MDI 窗体和子窗体添加菜单控件，可以为 Visual Basic 应用程序创建菜单。管理 MDI 应用程序中菜单的一个方法是把希望在任何时候都显示的菜单控件放在 MDI 窗体上（即使没有子窗体可见时）。当运行该应用程序时，如果没有可见的子窗体，会自动显示 MDI 窗体菜单。

按 Ctrl + E 组合键调出菜单编辑器，我们来做如图 13-5 所示的菜单。

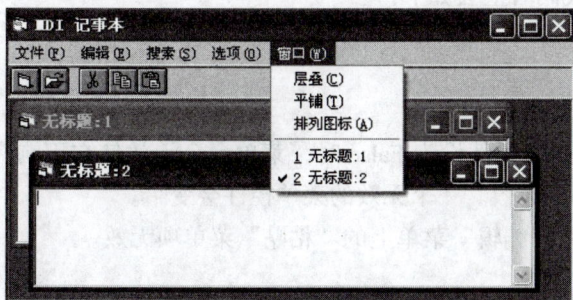

图 13-4　"窗口"菜单显示每个打开子窗体的名称　　图 13-5　菜单编辑器

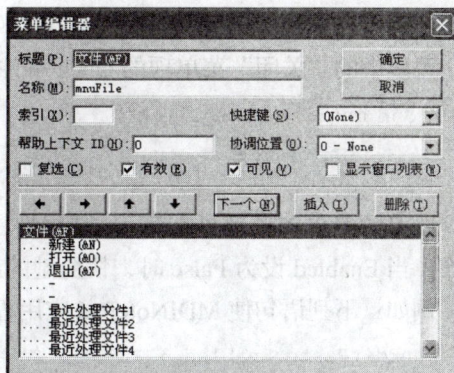

在 MDI 窗体或者 MDI 子窗体上的任何菜单控件，只要将其 WindowList 属性设置为 True，都可以用于显示打开子窗体的清单。在运行时，Visual Basic 自动管理与显示标题清单，并在当前正有焦点的标题旁边显示一个复选标志。另外，在窗口清单的上方自动放置一个分隔符条。

（1）创建菜单控件数组。

菜单控件数组就是在同一菜单上共享相同名称和事件过程的菜单项目的集合。在示例中，它就用一个菜单控件数组来存储新近打开的文件清单。

要在菜单编辑器中创建菜单控件数组，请按照以下步骤执行。

① 选取窗体。

② 从"工具"菜单中，选取"菜单编辑器"，或在"工具栏"上单击"菜单编辑器"按钮。

③ 在"标题"文本框中，键入想出现在菜单栏中的第一个菜单标题的文本。菜单标题文本显示在菜单控件列表框中。

④ 在"名称"文本框中，键入将在代码中用来引用菜单控件的名称。保持"索引"框是空的。

⑤ 在下一个缩进级，通过设定"标题"和"名称"来创建将成为数组中第一个元素的菜单项。

⑥ 将数组中第一个元素的"索引"设置为 0。

⑦ 在第一个的同一缩进级上创建第二个菜单项。

⑧ 将第二个元素的"名称"设置成与第一个元素相同，且把它的"索引"设置为 1。

⑨ 对于数组中的后续元素重复步骤 5～8。

运行时菜单可以增长。例如，在应用程序中被打开的文件，会动态地创建菜单项来显示刚打开文件的路径名。

运行时为了创建控件必须使用控件数组。因为设计时 mnuRecentFile 菜单控件的 Index 属性进行了赋值，它自动地成为控件数组的一个元素—即使还没有创建其他元素。

当创建 mnuRecentFile（0）时，实际上创建了一个在运行时不可见的分隔符条。当运行时用户第一次存储一个文件时，这个分隔符条就会变得可见，且第一个文件名被加到该菜单上。运行时每存储一个文件，则会再装入一个菜单控件到该数组中，从而使该菜单增长。

运行时所创建的控件可以使用 Hide 方法或者设置该控件的 Visible 属性为 False 来隐藏。如果要从内存中删除一个控件数组中的控件，请使用 Unload 语句。

（2）编写菜单控件的代码。

当用户选取一个菜单控件时，一个 Click 事件出现。需要在代码中为每个菜单控件编写一个 Click 事件过程。除分隔符条以外的所有菜单控件（以及无效的或不可见的菜单控件）都能识别 Click 事件。

在菜单事件过程中编写的代码与在控件任何其他事件过程中编写的代码完全相同。例如，"文件"菜单中的"关闭"菜单项的 Click 事件的代码看上去如下：

```
Sub mnuFileClose_Click()
    Unload Me
End Sub
```

所有的菜单控件都具有 Enabled 属性，当这个属性设为 False 时，菜单命令无效使它不响应动作。当 Enabled 设为 False 时，快捷键的访问也无效。一个无效的菜单控件会变暗。

例如：下列语句使 MDINotePad 应用程序中"编辑"菜单上的"粘贴"菜单项无效。

```
mnuEditPaste.Enabled = False
```

（3）弹出式菜单。

弹出式菜单是显示于窗体之上，独立于菜单栏的浮动式菜单，显示在弹出式菜单上的项取决于鼠标右键按下时指针的位置，因此，弹出式菜单又称为上下文菜单。弹出式菜单提供一种访问公共的上下文命令的高效方法。

为了显示弹出式菜单，可使用 PopupMenu 方法。这个方法使用下列语法：

```
[ object.] PopupMenu menuname [ , flags [ ,x [ , y [ , boldcommand ]]]]
```

例如：当用户用鼠标右键单击一个窗体时，以下的代码显示一个名为 **mnuFile** 的菜单。可用 **MouseUp** 或者 **MouseDown** 事件来检测何时单击了鼠标右键，虽然标准用法是使用 MouseUp 事件：

```
Private Sub Form_MouseUp(Button As Integer, Shift As _
    Integer, X As Single, Y As Single)
    If Button = 2 Then                       ' 检查是否单击了鼠标右键
            PopupMenu mnuFile                ' 把文件菜单显示为一个弹出式菜单
    End If
End Sub
```

3．创建工具栏

工具栏（也称为发条或者控制栏）已经成为许多基于 Windows 的应用程序的标准功能。工具栏提供了对于应用程序中最常用的菜单命令的快速访问。

要手工创建工具栏，请按照以下步骤执行。

（1）在 MDI 窗体上放置一个图片框。图片框的宽度会自动伸展，直到填满 MDI 窗体工作空间。工作空间就是窗体边框以内的区域，不包括标题条、菜单栏或所有的工具栏、状态栏或者可能在窗体上的滚动条。

（2）在图片框中，可以放置任何想在工具栏上显示的控件。典型的，用 CommandButton 或 Image 控件来创建工具栏按钮。图 13-6 表示出了一个含有 Image 控件的工具栏。

要在图片框中添加控件，单击工具栏中的控件按钮，然后在图片框中画出它。

（3）设置设计时属性。

使用工具栏的一个好处是可以显示一个形象的命令图示。Image 控件是作为工具栏按钮的一个很好的选择，因为可以用它来显示一个位图。在设计时设置其 Picture 属性来显示一个位图，这样，当该按钮被单击时，即能提供一个命令执行的可见信息。也可以通过设置按钮的 ToolTipText 属性

图 13-6　工具栏创建

来使用工具提示，这样，当用户把鼠标指针保持在一个按钮上时，就可以显示出该工具栏按钮的名称，结果如图 13-6 所示。

（4）编写代码。

因为工具栏频繁地用于提供对其他命令的快捷访问，因而在大部分时间内都是从每一个按钮的 Click 事件中调用其他过程，如对应的菜单命令。

（5）控制工具栏的外观。

MDI 窗体的 NegotiateToolbars 属性决定了链接或嵌入对象的工具栏是不固定的调色板还是被放置在父窗体上。这种性能不要求工具栏出现在 MDI 父窗体上。如果 MDI 窗体的 NegotiateToolbars 属性设为 True，则对象的工具栏出现在 MDI 父窗体上。如果 NegotiateToolbars 设为 False，则对象的工具栏就为不固定的调色板。

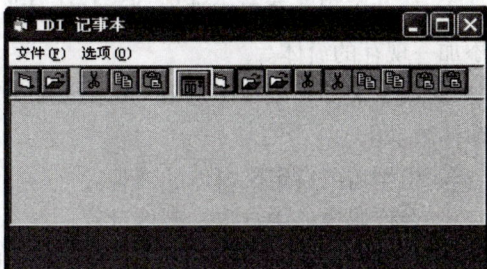

注意　NegotiateToolbars 属性只用于 MDI 窗体。

如果 MDI 窗体包含工具栏，它通常被包含在父窗体的 PictureBox 控件中。图片框的 Negotiate 属性决定了被激活时容器的工具栏是继续显示还是被对象的工具栏所代替。如果 Negotiate 设置为 True，则除了容器的工具栏外还显示对象的工具栏。如果 Negotiate 设置为 False，则对象的工具栏代替容器的工具栏。

要执行菜单与工具栏的协调，请按照以下步骤执行。

① 在 MDI 窗体中添加工具栏。这在本章前面的"创建工具栏"中描述过。

② 在子窗体上放置一个可插入的对象。

③ 设置 NegotiateMenus、NegotiateToolbars 以及 Negotiate 属性。

④ 运行此应用程序，然后双击该对象。

4. 用窗体作为自定义对话框

自定义对话框如图 13-7 所示，就是用户所创建的含有控件的窗体—这些控件包括命令按钮、选取按钮和文本框—它们可以为应用程序接收信息。通过设置属性值来自定义窗体的外观。也可以编写在运行时显示对话框的代码。

要创建自定义对话框，可以从新窗体着手，或者自定义现成的对话框。如果重复过多，可以建造能在许多应用程序中使用的对话框的集合。

要自定义现存的对话框，请按照以下步骤执行：

① 从"工程"菜单中选取"添加窗体"，在工程中添加一现存的窗体。

② 从"文件"菜单中选取"filename 另存为"并输入新的文件名。〔这可以防止改变已存在的窗体版本〕。

③ 根据需要自定义窗体的外观。

④ 在代码窗口中自定义事件过程。

图 13-7　用窗体作为自定义对话框

有很大的自由来定义自定义对话框的外观。它可以是固定的或可移动的、模式的或无模式的。它可以包含不同类型的控件；然而，对话框通常不包括菜单栏、窗口滚动条、最小化与最大化按钮、状态条、或者尺寸可变的边框。

一般说来，用户响应对话框时，先提供信息，然后用"确定"或者"取消"命令按钮关闭对话框。因为对话框是临时性的，用户通常不需要对它进行移动、改变尺寸、最大化或最小化等操作。其结果是：随新窗体出现的可变尺寸边框类型、"控制"菜单框、"最大化"按钮以及"最小化"按钮，在大多数对话框中都是不需要的。

通过设置 BorderStyle、ControlBox、MaxButton 和 MinButton 属性，可以删除这些项目。例如，"查找"对话框可能使用表 13-3 所示的属性设置。

表 13-3　　　　　　　　　　　　属性设置

属　性	设　置	效　果
BorderStyle	1	改变边框类型为固定的单个边框，因而防止对话框在运行时被改变尺寸
ControlBox	False	删除控制菜单框
MaxButton	False	删除最大化按钮，因而防止对话框在运行时被最大化
MinButton	False	删除最小化按钮，因而防止对话框在运行时被最小化

如果删除"控制"菜单框（ControlBox =False），则必须向用户提供退出该对话框的其他方法。实现的办法通常是在对话框中添加"确定"、"取消"或者"退出"命令按钮，并在隐藏或卸载该对话框的 Click 按钮事件中添加代码。

"取消"按钮就是当按下 Esc 键时选中的按钮。在一个窗体上，只能有一个命令按钮的 Cancel 属性可以设置为 True。按下 Esc 键调用"取消"命令按钮的 Click 事件。"取消"按钮也可以为默认命令按钮。要指定对话框的"取消"按钮，设置该命令按钮的 Cancel 属性为 True。

一般说来，代表最可靠的或者最安全的操作的按钮应当是默认按钮。例如，在"文本替换"对话框中，"取消"应当是默认按钮，而不是"替换"。

5. 编写代码

简单的应用程序可以只有一个窗体，应用程序的所有代码都驻留在窗体模块中。而当应用程序庞大复杂时，就要另加窗体。最终可能会发现在几个窗体中都有要执行的公共代码。因为不希望在两个窗体中重复代码，所以要创建一个独立模块，它包含实现公共代码的过程。独立模块应为标准模块。此后可以建立一个包含共享过程的模块库。

每个标准模块、类模块和窗体模块都可包含：

（1）声明。可将常数、类型、变量和动态链接库（DLL）过程的声明放在窗体、类或标准模块的模块级。

（2）过程。Sub、Function 或者 Property 过程包含可以作为单元来执行的代码片段。

窗体模块（文件扩展名为 .FRM）是应用程序的基础。窗体模块可以包含处理事件的过程、通用过程以及变量、常数、类型和外部过程的窗体级声明。如果要在文本编辑器中观察窗体模块，则还会看到窗体及其控件的描述，包括它们的属性设置值。写入窗体模块的代码是该窗体所属的具体应用程序专用的；它也可以引用该应用程序内的其他窗体或对象。

标准模块（文件扩展名为 .BAS）是应用程序内其他模块访问的过程和声明的容器。它们可以包含变量、常数、类型、外部过程和全局过程的全局（在整个应用程序范围内有效的）声明或模块级声明。写入标准模块的代码不必绑在特定的应用程序上；如果不小心用名称引用窗体和控件，则在许多不同的应用程序中可以重用标准模块。

在 Visual Basic 中类模块（文件扩展名为 .CLS）是面向对象编程的基础。可在类模块中编写代码建立新对象。这些新对象可以包含自定义的属性和方法。实际上，窗体正是这样一种类模块，在其上可安放控件、可显示窗体窗口。

以下是所有程序代码。

```
'*** MDI 记事本事例应用程序        ***
'*** 主 MDI 窗体                    ***
'***********************************
Option Explicit
Private Sub imgCopyButton_Click()
    imgCopyButton.Refresh             ' 刷新图像
    EditCopyProc                      ' 调用复制过程
End Sub

Private Sub imgCopyButton_MouseDown(Button As Integer, Shift As Integer,
x As Single, Y As Single)
' 显示按下状态图片
    imgCopyButton.Picture = imgCopyButtonDn.Picture
```

```
        End Sub

    Private Sub imgCopyButton_MouseMove(Button As Integer, Shift As Integer,
    x As Single, x As Single)
        '如果按下按钮，判断鼠标是否在按钮上
        '是，则显示按下状态图片；否，则显示弹起状态图片
        Select Case Button
        Case 1
          If x <= 0 Or x > imgCopyButton.Width Or Y < 0 Or Y > imgCopyButton.Height Then
               imgCopyButton.Picture = imgCopyButtonUp.Picture
          Else
               imgCopyButton.Picture = imgCopyButtonDn.Picture
           End If
        End Select
    End Sub


    Private Sub imgCopyButton_MouseUp(Button As Integer, Shift As Integer, x As Single,
    Y As Single)
      ' 显示弹起状态图片
        imgCopyButton.Picture = imgCopyButtonUp.Picture End Sub


    Private Sub imgCutButton_Click()
        imgCutButton.Refresh              '刷新图像
        EditCutProc                       '调用剪切过程
    End Sub


    Private Sub imgCutButton_MouseDown(Button As Integer, Shift As Integer,
    x As Single, Y As Single)
        imgCutButton.Picture = imgCutButtonDn.Picture          '显示按下状态图片
    End Sub


    Private Sub imgCutButton_MouseMove(Button As Integer, Shift As Integer,
    x As Single, Y As Single)
        '如果按钮被按下，显示弹起状态图片当鼠标
        ' 被拖曳出按钮区域的时候；否则，显示按下的状态
        Select Case Button
        Case 1
            If x <= 0 Or x > imgCutButton.Width Or Y < 0 Or Y > imgCutButton.Height Then
                 imgCutButton.Picture = imgCutButtonUp.Picture
            Else
                 imgCutButton.Picture = imgCutButtonDn.Picture
            End If
        End Select
    End Sub


    Private Sub imgCutButton_MouseUp(Button As Integer, Shift As Integer, x As Single,
    Y As Single)
        imgCutButton.Picture = imgCutButtonUp.Picture          '显示弹起状态图片
    End Sub
```

```vb
Private Sub imgFileNewButton_Click()
    imgFileNewButton.Refresh              '刷新图像
    FileNew                               '调用新建文件过程
End Sub


Private Sub imgFileNewButton_MouseDown(Button As Integer, Shift As Integer,
x As Single, Y As Single)
  imgFileNewButton.Picture = imgFileNewButtonDn.Picture    '显示按下状态图片
End Sub


Private Sub imgFileNewButton_MouseMove(Button As Integer, Shift As Integer,
x As Single, Y As Single)
    '如果按钮被按下，显示弹起状态图片当鼠标
    ' 被拖曳出按钮区域的时候；否则，' 显示按下的状态
      Select Case Button
    Case 1
        If x <= 0 Or x > imgFileNewButton.Width Or Y < 0 Or Y >imgFileNewButton.
Height Then
              imgFileNewButton.Picture = imgFileNewButtonUp.Picture
        Else
              imgFileNewButton.Picture = imgFileNewButtonDn.Picture
        End If
    End Select
End Sub


Private Sub imgFileNewButton_MouseUp(Button As Integer, Shift As Integer,
x As Single, Y As Single)
  imgFileNewButton.Picture = imgFileNewButtonUp.Picture          '显示弹起状态图片
End Sub


Private Sub imgFileOpenButton_Click()
    imgFileOpenButton.Refresh             '刷新图像
    FileOpenProc                          '调用文件打开过程
End Sub


Private Sub imgFileOpenButton_MouseDown(Button As Integer, Shift As Integer,
x As Single, Y As Single)
    imgFileOpenButton.Picture = imgFileOpenButtonDn.Picture       '显示按下状态图片
End Sub


Private Sub imgFileOpenButton_MouseMove(Button As Integer, Shift As Integer,
x As Single, Y As Single)
    '如果按钮被按下，显示弹起状态图片当鼠标
    '被拖曳出按钮区域的时候；否则，显示按下的状态
    Select Case Button
    Case 1
        If x <= 0 Or x > imgFileOpenButton.Width Or Y < 0 Or Y >
        imgFileOpenButton.Height Then
```

```
                    imgFileOpenButton.Picture = imgFileOpenButtonUp.Picture
            Else
                    imgFileOpenButton.Picture = imgFileOpenButtonDn.Picture
            End If
        End Select
    End Sub


    Private Sub imgFileOpenButton_MouseUp(Button As Integer, Shift As Integer,
    x As Single, Y As Single)
        imgFileOpenButton.Picture = imgFileOpenButtonUp.Picture        '显示弹起状态图片
    End Sub


    Private Sub imgPasteButton_Click()
        imgPasteButton.Refresh          '刷新图像
        EditPasteProc                              '调用文件打开过程
    End Sub


    Private Sub imgPasteButton_MouseDown(Button As Integer, Shift As Integer,
    x As Single, Y As Single)
            imgPasteButton.Picture = imgPasteButtonDn.Picture      '  显示按下状态图片
    End Sub


    Private Sub imgPasteButton_MouseMove(Button As Integer, Shift As Integer, x As
    Single, Y As Single)
        '如果按钮被按下，显示弹起状态图片当鼠标
        '  被拖曳出按钮区域的时候；否则，显示按下的状态
        Select Case Button
        Case 1
          If x <= 0 Or x > imgPasteButton.Width Or Y < 0 Or Y > imgPasteButton.Height Then
                imgPasteButton.Picture = imgPasteButtonUp.Picture
            Else
                imgPasteButton.Picture = imgPasteButtonDn.Picture
            End If
        End Select
    End Sub


    Private Sub imgPasteButton_MouseUp(Button As Integer, Shift As Integer,
    x As Single, Y As Single)
      imgPasteButton.Picture = imgPasteButtonUp.Picture      '显示弹起状态图片
    End Sub


  ' 应用程序从此处开始（启动窗体的 Load 事件）
  Private Sub MDIForm_Load()
    Show
    '总是将工作目录设到应用程序所在目录
    ChDir App.Path
    '初始化文档窗体数组，并显示第一个子窗体
    ReDim Document(1)
    ReDim FState(1)
```

```vb
      Document(1).Tag = 1
      FState(1).Dirty = False
     '读系统注册表并适当地设置最近使用的菜单文件列表控件数组
      GetRecentFiles
     '设置决定函数 FindIt 搜索方向的全局变量 gFindDirection
      gFindDirection = 1
End Sub

Private Sub MDIForm_Unload(Cancel As Integer)
    '如果未取消 Unload 事件（在记事本窗体的 QueryUnload 事件）
    '则没有留下任何文档窗口，所以继续执行并结束应用程序
    If Not AnyPadsLeft() Then
        End
    End If
End Sub

Private Sub mnuFileExit_Click()
    End   '退出应用程序
End Sub

Private Sub mnuFileNew_Click()
    FileNew        '调用新建文件过程
End Sub

Private Sub mnuFileOpen_Click()
    FileOpenProc     '调用文件打开过程
End Sub

Private Sub mnuOptions_Click()' 切换工具栏的可见性
    mnuOptionsToolbar.Checked = frmMDI.picToolbar.Visible
End Sub

Private Sub mnuOptionsToolbar_Click()' 调用工具栏过程，传递一个对该窗体的引用
    OptionsToolbarProc Me
End Sub

Private Sub mnuRecentFile_Click(index As Integer)
    '调用文件打开过程，传递一个对选定文件名的引用
    OpenFile(mnuRecentFile(index).Caption)
    GetRecentFiles   '更新最近打开的文件列表
End Sub

'***            MDI 记事本应用程序示例子窗体            ***
'**********************************************************

Option Explicit

Private Sub Form_Load()
    Dim i As Integer            '计数器变量
      '将第一种字体名赋值给"字体"菜单项，再循环系统字体集合，添加到菜单
```

187

```
        mnuFontName(0).Caption = Screen.Fonts(0)
    For i = 1 To Screen.FontCount - 1
        Load mnuFontName(i)
        mnuFontName(0).Caption = Screen.Fonts(i)
    Next
End Sub


Private Sub Form_QueryUnload(Cancel As Integer, UnloadMode As Integer)
    Dim strMsg As String
    Dim strFilename As String
    Dim intResponse As Integer
    If FState(Me.Tag).Dirty Then       '判断文本是否已经被改变
        strFilename = Me.Caption
        strMsg = "[ " & strFilename & "] 中文本已经改变 ,"
        strMsg = strMsg & vbCrLf
        strMsg = strMsg & "保存改变吗? "
        intResponse = MsgBox(strMsg, 51, frmMDI.Caption)
        Select Case intResponse
            Case 6          '用户选择 "是 "
                If Left(Me.Caption, 8)= "无标题 " Then
                        strFilename = "untitled.txt"      '文件尚未被保存
                        '获得 strFilename,并调用保存过程 ,GetstrFilename
                        strFilename = GetFileName(strFilename)
                Else
                        strFilename = Me.Caption  ' 窗体标题包含所打开的文件名
                End If
                '调用保存过程 ,  '如果 strFilename = Empty
                '用户在 "另存为 "对话框中选择 "取消 ";否则保存该文件
                If strFilename <> "" Then
                        SaveFileAs strFilename
                End If
            Case 7          '用户选择 "否 ",卸载文件
                Cancel = False
            Case 2          '用户选择 "取消 ",取消卸载
                Cancel = True
        End Select
    End If
End Sub


Private Sub Form_Resize()'将文本框充满当前子窗体的内部区域
        Text1.Height = ScaleHeight
        Text1.Width = ScaleWidth
End Sub


Private Sub Form_Unload(Cancel As Integer)
    FState(Me.Tag).Deleted = True         '将当前窗体实例显示为已删除
        '如果不存在记事本窗口,隐含工具栏编辑按钮
    If Not AnyPadsLeft()Then
        frmMDI.imgCutButton.Visible = False
```

```
            frmMDI.imgCopyButton.Visible = False
            frmMDI.imgPasteButton.Visible = False
            gToolsHidden = True        '切换全局工具状态变量
            ' 调用获得当前最近使用的文件列表的过程
            GetRecentFiles
        End If
End Sub


Private Sub mnuEditCopy_Click()
        EditCopyProc              '调用复制过程
End Sub


Private Sub mnuEditCut_Click()
        EditCutProc               '调用剪切过程
End Sub


Private Sub mnuEditDelete_Click()
        '如果鼠标指针不在记事本结尾处 ...
        If Screen.ActiveControl.SelStart <> Len(Screen.ActiveControl.Text) Then
            '如果什么也没有选定，将选定长度设为 1
            If Screen.ActiveControl.SelLength = 0 Then
                Screen.ActiveControl.SelLength = 1
                '如果鼠标指针在空行，将选定长度设为 2
                If Asc(Screen.ActiveControl.SelText) = 13 Then
                    Screen.ActiveControl.SelLength = 2
                End If
            End If
                Screen.ActiveControl.SelText = ""    '删除选定文本
        End If
End Sub


Private Sub mnuEditPaste_Click()
        EditPasteProc    '调用粘贴过程
End Sub


Private Sub mnuEditSelectAll_Click()
' 使用 SelStart 和 SelLength 选定文本
        frmMDI.ActiveForm.Text1.SelStart = 0    '使用 SelStart 和 SelLength 选定文本
        frmMDI.ActiveForm.Text1.SelLength = Len(frmMDI.ActiveForm.Text1.Text)
End Sub


Private Sub mnuEditTime_Click()
        Text1.SelText = Now    '在当前光标处插入当前时间和日期
End Sub


Private Sub mnuFileClose_Click()
        Unload Me  '卸载窗体
End Sub
```

```vb
Private Sub mnuFileExit_Click()
    '要卸载 MDI 窗体，向每个子窗体，然后是 MDI 主窗体调用 QueryUnload 事件
    '在 QueryUnload 事件中把 Cancel 参数设置为 True  都会取消卸载
    Unload frmMDI
End Sub


Private Sub mnuFileNew_Click()
    FileNew        '调用新建窗体过程
End Sub


Private Sub mnuFontName_Click(index As Integer)
    '将选定字体赋值给 textbox 的 fontname 属性
    Text1.FontName = mnuFontName(index).Caption
End Sub


Private Sub mnuFileOpen_Click()
    FileOpenProc   '调用文件打开过程
End Sub


Private Sub mnuFileSave_Click()
    Dim strFilename As String
    If Left(Me.Caption, 8)= "Untitled" Then
        '文件尚未被保存。获取文件名并调用保存过程，GetFileName
        strFilename = GetFileName(strFilename)
    Else
        strFilename = Me.Caption    '窗体标题包含打开的文件名
    End If
    '调用保存过程
    '如果 Filename = Empty，用户在"另存为"对话框中选择"取消"；否则保存该文件
    If strFilename <> "" Then
        SaveFileAs strFilename
    End If
End Sub


Private Sub mnuFileSaveAs_Click()
    Dim strSaveFileName As String
    Dim strDefaultName As String
    strDefaultName = Me.Caption    '将窗体标题赋值给变量
    If Left(Me.Caption, 8)= "无标题" Then
        '文件尚未被保存。获取文件名并调用保存过程，strSaveFileName
        strSaveFileName = GetFileName("Untitled.txt")
        If strSaveFileName <> "" Then SaveFileAs(strSaveFileName)
        '更新"文件"菜单控件数组中最近打开的文件列表
        UpdateFileMenu(strSaveFileName)
    Else
        '窗体标题包含打开的文件名
        strSaveFileName = GetFileName(strDefaultName)
        If strSaveFileName <> "" Then SaveFileAs(strSaveFileName)
        '更新"文件"菜单控件数组中最近打开的文件列表
```

```vb
            UpdateFileMenu(strSaveFileName)
        End If
End Sub


Private Sub mnuOptions_Click()
    '切换 Checked 属性来匹配 .Visible 属性
    mnuOptionsToolbar.Checked = frmMDI.picToolbar.Visible
End Sub


Private Sub mnuOptionsToolbar_Click()
    OptionsToolbarProc Me  '调用工具栏过程，传递一个对该窗体实例的引用
End Sub


Private Sub mnuRecentFile_Click(index As Integer)
    '调用文件打开过程，传递一个对选定的文件名的引用
    OpenFile(mnuRecentFile(index).Caption)
    GetRecentFiles' 更新 " 文件 " 菜单控件数组中最近打开的文件列表
End Sub


Private Sub mnuSearchFind_Click()
    '如果文本框中有文本，把它赋值给 " 查找 " 窗体中的文本框
    '否则赋值上一次搜索文本的值
    If Me.Text1.SelText <> "" Then
        frmFind.Text1.Text = Me.Text1.SelText
    Else
        frmFind.Text1.Text = gFindString
    End If
        gFirstTime = True  '设置全局变量为从头部开始
    If (gFindCase) Then  '设置区分大小写复选框以匹配全局变量
        frmFind.chkCase = 1
    End If
    frmFind.Show vbModal  '显示 " 查找 " 窗体
End Sub


Private Sub mnuSearchFindNext_Click()
    '如果全局变量不为空，调用查找过程；否则调用 " 查找 " 菜单
    If Len(gFindString) > 0 Then
        FindIt
    Else
        mnuSearchFind_Click
    End If
End Sub


Private Sub mnuWindowArrange_Click()
    frmMDI.Arrange vbArrangeIcons  '对任何已经最小化的子窗体排列图标
End Sub


Private Sub mnuWindowCascade_Click()
    frmMDI.Arrange vbCascade              '层叠子窗体
```

```
End Sub


Private Sub mnuWindowTile_Click()
    frmMDI.Arrange vbTileHorizontal    '平铺子窗体
End Sub


Private Sub Text1_Change()
    FState(Me.Tag).Dirty = True        '设置全局变量来显示文本已经改变

End Sub



'***************************************************************
'*** "查找"对话框用来搜索文本。                          ***
'*** 为 MDI 记事本示例应用程序而创建                     ***
'*** 用途：公共变量 gFindCase(切换大小写敏感);           ***
'*** gFindString(搜索文本);                              ***
'*** gFindDirection(切换搜索方向);                       ***
'*** gFirstTime(切换从文本头部开始)                      ***
'***************************************************************
Option Explicit
Private Sub chkCase_Click()
    gFindCase = chkCase.Value    '给公共变量赋值
End Sub


Private Sub cmdCancel_Click()
    gFindString = Text1.Text    '将值保存到公共变量
    gFindCase = chkCase.Value
    Unload frmFind  '卸载"查找"对话框
End Sub


Private Sub cmdFind_Click()
    '将文本字符串赋值给公共变量
    gFindString = Text1.Text
    FindIt
End Sub


Private Sub Form_Load()
    cmdFind.Enabled = False  ' "查找"按钮无效 - 还没有要查找的文本
        optDirection(gFindDirection).Value = 1 '读公共变量并设置选项按钮
End Sub


Private Sub optDirection_Click(index As Integer)
    gFindDirection = index   ' 给公共变量赋值
End Sub


Private Sub Text1_Change()
    gFirstTime = True  ' 设置公共变量
    If Text1.Text = "" Then   '如果文本框为空,"查找"按钮无效
```

```vb
            cmdFind.Enabled = False
        Else
            cmdFind.Enabled = True
        End If
End Sub


'**********************************************
'*** MDI 记事本应用程序示例全局模块          ***
'**********************************************
Option Explicit
Type FormState '    存储关于子窗体信息的用户自定义类型
    Deleted As Integer
    Dirty As Integer
    Color As Long
End Type
Public FState() As FormState            '用户自定义型数组
Public Document()As New frmNotePad      '子窗体对象数组
Public gFindString As String            '保存搜索文本
Public gFindCase As Integer             '区分大小写标志
Public gFindDirection As Integer        '搜索方向标志
Public gCurPos As Integer               '保存当前光标位置
Public gFirstTime As Integer            '起始位置
Public gToolsHidden As Boolean          '保存工具栏状态
Public Const ThisApp = "MDINote"        'ThisApp 常数
Public Const ThisKey = "Recent Files"   'ThisKey 常数

Function AnyPadsLeft()As Integer
    Dim i As Integer            '计数器变量
    ' 遍历文档数组。 如果至少有一个打开的文档，返回 True
    For i = 1 To UBound(Document)
        If Not FState(i).Deleted Then
          AnyPadsLeft = True
          Exit Function
        End If
    Next
End Function

Sub EditCopyProc()    '复制选定文本到剪贴板
    Clipboard.SetText frmMDI.ActiveForm.ActiveControl.SelText
End Sub

Sub EditCutProc()     '复制选定文本到剪贴板
    Clipboard.SetText frmMDI.ActiveForm.ActiveControl.SelText
    frmMDI.ActiveForm.ActiveControl.SelText = ""    '删除选定文本
End Sub

Sub EditPasteProc()    '将文本从剪贴板粘贴到活动控件
    frmMDI.ActiveForm.ActiveControl.SelText = Clipboard.GetText()
```

```
    End Sub

Sub FileNew()
    Dim fIndex As Integer
    fIndex = FindFreeIndex()        '找到下一个可用的索引并显示该子窗体
    Document(fIndex).Tag = fIndex
    Document(fIndex).Caption = "无标题:" & fIndex
    Document(fIndex).Show
    frmMDI.imgCutButton.Visible = True          ' 使工具栏中编辑按钮可见
    frmMDI.imgCopyButton.Visible = True
    frmMDI.imgPasteButton.Visible = True
End Sub

Function FindFreeIndex()As Integer
    Dim i As Integer
    Dim ArrayCount As Integer
    ArrayCount = UBound(Document)
    '遍历文档数组，如果已删除其中一个文档，返回其索引
    For i = 1 To ArrayCount
        If FState(i).Deleted Then
            FindFreeIndex = i
            FState(i).Deleted = False
            Exit Function
        End If
    Next
        '如果子窗体对象数组中的一个元素都没有删除
        '文档数组与状态数组均加 1 并返回新元素的索引
    ReDim Preserve Document(ArrayCount + 1)
    ReDim Preserve FState(ArrayCount + 1)
    FindFreeIndex = UBound(Document)
End Function

Sub FindIt()
    Dim intStart As Integer
    Dim intPos As Integer
    Dim strFindString As String
    Dim strSourceString As String
    Dim strMsg As String
    Dim intResponse As Integer
    Dim intOffset As Integer
        '根据当前光标位置设置偏移量变量
    If(gCurPos = frmMDI.ActiveForm.ActiveControl.SelStart)Then
            intOffset = 1
    Else
            intOffset = 0
    End If
    If gFirstTime Then intOffset = 0    '为起始位置读全局变量
        '给搜索起始位置赋值
    intStart = frmMDI.ActiveForm.ActiveControl.SelStart + intOffset
```

```
    If gFindCase Then    ' 如果不匹配大小写，将字符串转换成大写
        strFindString = gFindString
        strSourceString = frmMDI.ActiveForm.ActiveControl.Text
    Else
        strFindString = UCase(gFindString)
        strSourceString = UCase(frmMDI.ActiveForm.ActiveControl.Text)
    End If
    If gFindDirection = 1 Then   '搜索字符串
        intPos = InStr(intStart + 1, strSourceString, strFindString)
    Else
        For intPos = intStart - 1 To 0 Step -1
         If intPos = 0 Then Exit For
         If Mid(strSourceString, intPos, Len(strFindString))= strFindString Then Exit For
        Next
    End If
    If intPos Then '      如果找到了字符串
        frmMDI.ActiveForm.ActiveControl.SelStart = intPos - 1
        frmMDI.ActiveForm.ActiveControl.SelLength = Len(strFindString)
     Else
        strMsg = "找不到 " & Chr(34)& gFindString & Chr(34)
        intResponse = MsgBox(strMsg, 0, App.Title)
    End If
    gCurPos = frmMDI.ActiveForm.ActiveControl.SelStart ' 重新设置全局变量
    gFirstTime = False
End Sub


Sub GetRecentFiles()
    '本过程演示 GetAllSettings 函数的用法，它从 Windows 注册表中返回值的数组
    '在这种情况下，注册表包含最近打开的文件列表
    '使用 SaveSetting 语句记下最近使用的文件名
    '该语句在 WriteRecentFiles 过程中
    Dim i, j As Integer
    Dim varFiles As Variant ' Varible to store the returned array
    '用 GetAllSettings 语句从注册表中返回最近使用的文件
    '模块中定义常数 ThisApp 和 ThisKey
    If GetSetting(ThisApp, ThisKey, "最近处理文件 1")= Empty Then Exit Sub
    varFiles = GetAllSettings(ThisApp, ThisKey)
    For i = 0 To UBound(varFiles, 1)
        frmMDI.mnuRecentFile(0).Visible = True
        frmMDI.mnuRecentFile(i).Caption = varFiles(i, 1)
        frmMDI.mnuRecentFile(i).Visible = True
            For j = 1 To UBound(Document)' 遍历所有文档并更新每个菜单
                If Not FState(j).Deleted Then
                    Document(j).mnuRecentFile(0).Visible = True
                    Document(j).mnuRecentFile(i + 1).Caption = varFiles(i, 1)
                    Document(j).mnuRecentFile(i + 1).Visible = True
                End If
            Next j
    Next i
```

```
End Sub

Sub OptionsToolbarProc(CurrentForm As Form)
    CurrentForm.mnuOptionsToolbar.Checked = Not    ' 切换 Checked 属性 CurrentForm.
mnuOptionsToolbar.Checked
    ' 如果不是 MDI 窗体，设置 MDI 窗体的 Checked 属性
    If Not TypeOf CurrentForm Is MDIForm Then
        frmMDI.mnuOptionsToolbar.Checked =CurrentForm.mnuOptionsToolbar.Checked
    End If
    If CurrentForm.mnuOptionsToolbar.Checked Then    ' 基于值切换工具栏
        frmMDI.picToolbar.Visible = True
    Else
        frmMDI.picToolbar.Visible = False
    End If
End Sub

Sub WriteRecentFiles(OpenFileName)
    ' 本过程使用 SaveSettings 语句将最近使用的文件名写入系统注册表
    ' SaveSettings 语句要求 3 个参数其中 2 个存储为常数并在本模块内定义
    ' GetRecentFiles 过程中使用 GetAllSettings 函数来检索在这个过程中存储的文件名
    Dim i, j As Integer
    Dim strFile, key As String
    ' 将最近处理文件 1 复制给最近处理文件 2，等等
    For i = 3 To 1 Step -1
        key = "最近处理文件 " & i
        strFile = GetSetting(ThisApp, ThisKey, key)
        If strFile <> "" Then
            key = "最近处理文件 " &(i + 1)
            SaveSetting ThisApp, ThisKey, key, strFile
        End If
    Next I           ' 将正在打开的文件写到最近使用的文件列表的第一项
    SaveSetting ThisApp, ThisKey, "RecentFile1", OpenFileName
End Sub


'**********************************************************
'*** 标准模块，其中包含处理文件的过程                    ***
'*** MDI 记事本应用程序示例的一部分                       ***
'**********************************************************
Option Explicit
Sub FileOpenProc()
    Dim intRetVal
    On Error Resume Next
    Dim strOpenFileName As String
    frmMDI.CMDialog1.Filename = ""
    frmMDI.CMDialog1.ShowOpen
    If Err <> 32755 Then        ' 用户选择"取消"
        strOpenFileName = frmMDI.CMDialog1.Filename
        ' 如果文件大于 65KB，则不能打开文件，取消操作
```

```vb
        If FileLen(strOpenFileName)> 65000 Then
                MsgBox "文件太大，无法打开。"
                Exit Sub
        End If
         OpenFile(strOpenFileName)
        UpdateFileMenu(strOpenFileName)
        '如果工具栏仍不可见，就显示工具栏
          If gToolsHidden Then
                frmMDI.imgCutButton.Visible = True
                frmMDI.imgCopyButton.Visible = True
                frmMDI.imgPasteButton.Visible = True
                gToolsHidden = False
           End If
      End If
End Sub


Function GetFileName(Filename As Variant)
     '显示"另存为"对话框并返回文件名
     ' 如果选择"取消"，则返回空字符串
     On Error Resume Next
     frmMDI.CMDialog1.Filename = Filename
     frmMDI.CMDialog1.ShowSave
     If Err <> 32755 Then       '用户选择"取消"
           GetFileName = frmMDI.CMDialog1.Filename
     Else
           GetFileName = ""
     End If
End Function


Function OnRecentFilesList(Filename)As Integer
   Dim i              '计数器变量
   For i = 1 To 4
     If frmMDI.mnuRecentFile(i).Caption = Filename Then
        OnRecentFilesList = True
        Exit Function
     End If
   Next i
     OnRecentFilesList = False
End Function


Sub OpenFile(Filename)
    Dim fIndex As Integer
      On Error Resume Next
    Open Filename For Input As #1 '打开选定文件
    If Err Then
        MsgBox "不能打开文件： " + Filename
        Exit Sub
    End If
    '改变鼠标指针显示类型为沙漏
```

```vb
    Screen.MousePointer = 11

    '改变窗体标题并显示新文本
    fIndex = FindFreeIndex()
    Document(fIndex).Tag = fIndex
    Document(fIndex).Caption = UCase(Filename)
    Document(fIndex).Text1.Text = StrConv(InputB(LOF(1), 1), vbUnicode)
    FState(fIndex).Dirty = False
    Document(fIndex).Show
    Close #1
    '重新设置鼠标指针
    Screen.MousePointer = 0
End Sub


Sub SaveFileAs(Filename)
    On Error Resume Next
    Dim strContents As String
    '打开文件
    Open Filename For Output As #1
    '将记事本中的内容赋值给一变量
    strContents = frmMDI.ActiveForm.Text1.Text
    '显示沙漏鼠标指针
    Screen.MousePointer = 11
    '将变量内容写到一个保存的文件中
    Print #1, strContents
    Close #1
    '重新设置鼠标指针
    Screen.MousePointer = 0
    '设置窗体标题
    If Err Then
        MsgBox Error, 48, App.Title
    Else
        frmMDI.ActiveForm.Caption = UCase(Filename)
        '重新设置 Dirty 标志
        FState(frmMDI.ActiveForm.Tag).Dirty = False
    End If
End Sub


Sub UpdateFileMenu(Filename)
        Dim intRetVal As Integer
        '判断打开的文件名是否已经在"文件"菜单控件数组中
        intRetVal = OnRecentFilesList(Filename)
        If Not intRetVal Then
            '将打开的文件写到注册表
            WriteRecentFiles(Filename)
        End If
        '更新"文件"菜单控件数组中最近打开的文件列表
        GetRecentFiles
End Sub
```

6. 运行程序

运行程序，程序运行界面如图 13-8 所示。

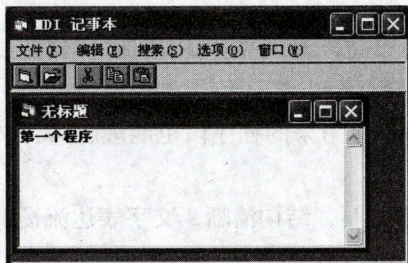

图 13-8　程序运行界面

13.5　课程设计题

1. 无纸化考试系统

（1）可以对试卷作出评分、并给出该同学该门课程分数的功能。

（2）以 VB 为考试科目，题型为单选、判断两种。

（3）实现 VB 题库中题目的添加、修改、及删除功能。

（4）实现随机从题库中抽取若干题目组成一份题型分布均匀的满分试卷的功能。

2. 学生成绩信息管理系统

设计一个学生成绩统计与查询系统，要求具有如下的功能。

（1）使用该系统时，首先要登录，用户用户名或密码输入正确才能使用（设置一个用户名和一个密码），即进入程序的主界面。最多可输入 3 次口令，若 3 次输入都错误，则禁止再次输入。

（2）在程序的主界面中进行菜单设计。

（3）通过菜单命令应能利用"打开"对话框，从中选中要打开的数据文件 score.txt，从该文件中将学生姓名及课程的成绩读入，并显示在文本框中。

（4）通过菜单命令应能完成对学生信息的追加，并显示在文本框中。

（5）通过菜单命令应能从文本框中删除给定学生的信息。

（6）通过菜单命令应能设置排序关键字，并按照给定的关键字进行"升序"或"降序"排序

（7）对所做的改变可以利用菜单中的命令保存在原文件中或其他文件中。

3. 用 VB 制作《Visual Basic 程序设计》的教学课件

在所学教材中任选一章作为课件内容，要求

（1）课件中必须包含内容学习、例题演示、作业部分。

（2）内容全面、重点突出；有必要的动画演示。

（3）界面友好、美观，易于操作。

（4）课件演示的内容用文件保存。

13.6   评 分 标 准

1. 界面设计美观、有创意、布局合理、功能模块清晰，操作方便、友好性和可用性强，占 20 分。

2. 用到的知识点较多，程序运行正常，无缺陷，占 20 分。

3. 基本上能独立编写程序，参考来的程序段也能理解其含义，并能解释（口头讲解和书面注解）自己所编的程序，占 20 分。

4. 《课程设计报告》按要求书写，结构清晰，文字表达流畅，并按时提交，占 20 分。

5. 课程设计期间表现，占 20 分。